Cyril Gaudillere

Pile à combustible SOFC

Cyril Gaudillere

Pile à combustible SOFC

Matériaux d´électrodes pour fonctionnement sous
méthane. Application aux procédés "pré-reformeur"
et "monochambre"

Presses Académiques Francophones

Impressum / Mentions légales
Bibliografische Information der Deutschen Nationalbibliothek: Die Deutsche Nationalbibliothek verzeichnet diese Publikation in der Deutschen Nationalbibliografie; detaillierte bibliografische Daten sind im Internet über http://dnb.d-nb.de abrufbar.
Alle in diesem Buch genannten Marken und Produktnamen unterliegen warenzeichen-, marken- oder patentrechtlichem Schutz bzw. sind Warenzeichen oder eingetragene Warenzeichen der jeweiligen Inhaber. Die Wiedergabe von Marken, Produktnamen, Gebrauchsnamen, Handelsnamen, Warenbezeichnungen u.s.w. in diesem Werk berechtigt auch ohne besondere Kennzeichnung nicht zu der Annahme, dass solche Namen im Sinne der Warenzeichen- und Markenschutzgesetzgebung als frei zu betrachten wären und daher von jedermann benutzt werden dürften.

Information bibliographique publiée par la Deutsche Nationalbibliothek: La Deutsche Nationalbibliothek inscrit cette publication à la Deutsche Nationalbibliografie; des données bibliographiques détaillées sont disponibles sur internet à l'adresse http://dnb.d-nb.de.
Toutes marques et noms de produits mentionnés dans ce livre demeurent sous la protection des marques, des marques déposées et des brevets, et sont des marques ou des marques déposées de leurs détenteurs respectifs. L'utilisation des marques, noms de produits, noms communs, noms commerciaux, descriptions de produits, etc, même sans qu'ils soient mentionnés de façon particulière dans ce livre ne signifie en aucune façon que ces noms peuvent être utilisés sans restriction à l'égard de la législation pour la protection des marques et des marques déposées et pourraient donc être utilisés par quiconque.

Coverbild / Photo de couverture: www.ingimage.com

Verlag / Editeur:
Presses Académiques Francophones
ist ein Imprint der / est une marque déposée de
OmniScriptum GmbH & Co. KG
Heinrich-Böcking-Str. 6-8, 66121 Saarbrücken, Deutschland / Allemagne
Email. info@presses-academiques.com

Herstellung: siehe letzte Seite /
Impression: voir la dernière page
ISBN: 978-3-8416-2507-6

INSTITUT DE RECHERCHE SUR LA CATALYSE ET L'ENVIRONNEMENT DE LYON

LABORATOIRE INTERDISCIPLINAIRE CARNOT DE BOURGOGNE UMR CNRS 5209

UNIVERSITÉ DE BOURGOGNE
UFR Sciences et Techniques

Matériaux céramiques, Catalyse hétérogène, Electrochimie

ÉCOLE DOCTORALE CARNOT

THÈSE DE DOCTORAT

Pour obtenir le grade de
DOCTEUR DE L'UNIVERSITÉ DE BOURGOGNE

Discipline : **Sciences**
Spécialité : **Chimie-Physique**

Développement de matériaux d'électrodes pour pile SOFC dans un fonctionnement sous gaz naturel/biogaz. Applications dans le cadre de procédés « pré-reformeur » et « monochambre »

Cyril GAUDILLERE

Soutenu le 6 octobre 2010

JURY

Gilles BERTRAND	Professeur, Université de Bourgogne	Examinateur
Christian GUIZARD	Directeur, CNRS-CREE Saint Gobain, Cavaillon	Rapporteur
Jean-Paul VIRICELLE	Chargé de recherche, ENSM-SE, Saint-Étienne	Rapporteur
Sébastien ROSINI	Ingénieur-chercheur, CEA, Grenoble	Examinateur
Loic ANTOINE	Ingénieur R&D, ADEME, Angers	Invité
Philippe VERNOUX	Chargé de recherche, IRCELyon, Villeurbanne	Invité
David FARRUSSENG	Directeur de recherche, IRCELyon, Villeurbanne	Directeur de thèse
Gilles CABOCHE	Professeur, Université de Bourgogne	Directeur de thèse

A mes parents

A mon petit frère

A mon grand-père qui est parti trop tôt...

Je tiens tout d'abord à remercier l'ADEME représentée par Loic Antoine et le Conseil Régional de Bourgogne pour le financement qui m'a été attribué pour 3 ans et qui m'a permis de mener à bien les travaux présentés dans ce mémoire.

Je remercie Dr Michel Lacroix et Prof. Gilles Bertrand, respectivement directeurs de l'Institut de Recherche sur la Catalyse et l'Environnement de Lyon et de l'Institut Carnot de Bourgogne qui m'ont permis d'évoluer au sein des deux laboratoires.

Je remercie cordialement les membres du jury qui ont accepté de juger ce travail : Dr Christian Guizard directeur de l'UMR 3080 Saint-Gobain CREE-CNRS à Cavaillon, Dr Jean-Paul Viricelle, chargé de recherche à l'école des Mines de Saint-Etienne, Dr Sébastien Rosini, ingénieur-chercheur au Commissariat à l'Energie Atomique de Grenoble et Loic Antoine, ingénieur ADEME R&D Pile à Combustible & Hydrogène à Angers.

J'adresse ensuite mes remerciements les plus sincères aux personnes qui ont encadré et suivi ce travail : Dr David Farrusseng et Dr Philippe Vernoux de l'IRCELyon et Prof. Gilles Caboche de l'ICB. Merci à David qui durant 4 ans m'a permis de « grandir » scientifiquement et avec qui j'ai eu beaucoup de plaisir à travailler. Je retiendrais bien évidemment nos nombreux échanges qui ont permis d'aboutir à ce mémoire mais également toutes nos discussions « extra-scientifique ». Merci à Gilles pour l'encadrement et pour avoir initié cette collaboration qui m'a permis de me diversifier. Merci à Philippe avec qui ce fut également enrichissant de travailler et qui a toujours été présent. Je garde de bons souvenirs de nos quelques déplacements, notamment un inoubliable séjour à Karlsruhe où j'espère ne pas retourner de sitôt. Je remercie également Dr Claude

Mirodatos, animateur du groupe Ingénierie qui a suivi ce travail d'un peu plus loin mais qui a toujours été disponible pour des discussions fructueuses malgré un emploi du temps bien chargé.

Je remercie le personnel des services scientifiques qui a réalisé de nombreuses analyses présentées dans ce mémoire : Noëlle Cristin et Pascale Mascunan pour les analyses élémentaires, Gérard Bergeret et Françoise Bosselet pour les analyses DRX, Bernadette Jouguet pour les analyses ATG, Laurence Burel et Mimoun Aouine pour les analyses de microscopie. Merci également à Antoinette Boréave qui m'a gentiment consacré une partie de son temps pour la mise en œuvre et le traitement des analyses TPR.

Que les membres de l'atelier de l'IRCELyon soient également salués et remerciés : Gilles D'Orazio, Frédéric Bourgain, Frédéric Chalon et Jean-Claude Tatoian.

Je remercie les permanents d'Ingénierie, pour certains partis, toujours ouverts à la discussion: Cécile Daniel et Emmanuel Landrivon qui m'ont « secouru » tout au long des trois années lorsque les problèmes en tout genre sont apparus, Yves Schuurman, Marc Pera-Titus, Jean-Alain Dalmon, Sylvain Miachon, Nolven Guilhaume et Hélène Provendier.

Merci aussi aux personnels des 2 laboratoires qui de près ou de loin ont participé à cette étude ou avec qui je me suis tout simplement lié d'amitié.

Je tiens ensuite à saluer tous les membres non permanents des 2 laboratoires qui se sont succédés au cours de ces trois années et qui ont fait que l'ambiance était à la fois studieuse et tout à fait agréable.

Tout d'abord mes deux amis de l'ESIREM, Harold et Farid, qui comme moi ont décidé de se lancer dans cette aventure.

Merci aux « anciens » qui m'ont chaleureusement accueilli quand je suis arrivé : Ugo Ravon le Bordelais et son dicton tellement vrai : « Le monde se sépare en deux : les Girondins et ceux qui rêvent de l'être... », Sylvain Bosquain dit « Mr Bosquain » Louis Olivier et son trigramme improbable, Olivier Thinon dit « Papy Thinon », Gabriella « Gabi » Fogassy, Guilhem Morra, Greg Biausque, Erwan Milin dit « Erwin ou bien encore Erwinator », Badr Bassou (franchement, t'as pas honte de supporter Lyon ??), Paul Gravejat, Marta Bausach, Marcelo Domine, Julie Sublet.

Les « jeun's » (et moins jeun's) qui sont arrivés au fur et à mesure : Marie « MarieSav' » Savonnet, Charles Henri « CH » Nicolas, Sébastien Boucher qui a grandement participé à ce travail en tant que technicien, Tristan Lescouet, Nicolas « Nico » Thegarid, Aurélie « Aurély » Camarata (Merci pour les nombreuses relectures...), Emanuel « Eko » Kockrick, Thomas Serres dit « Gainsbourg », Sonia Aguado et Jérôme Canivet «The Dinosaurs », Weijie Cai, Fagen Wang, Lamia Dreibine, Nassira Benameur.

Un remerciement particulier aux locataires du 125 qui se sont succédés pendant 3 ans : Marie, Aurélie, Olivier, Sylvain, Nicolas. Je vous remercie sincèrement pour votre compagnie, votre bonne humeur... Merci surtout d'avoir supporté mon humour (pas toujours drôle apparemment n'est ce pas Marie...), mes chansons...la rédaction peut parfois s'avérer compliquée...Enfin, merci à Monsieur J. Lepers pour les parties enflammées de QPUC entre midi et deux...

Pour terminer, je remercie mes parents, mon petit frère et toute ma famille qui m'ont toujours soutenu dans ce que j'ai entrepris, qui m'ont toujours donné les moyens de continuer et sans qui je n'aurais pu arriver là où je suis aujourd'hui. Merci.

Table des matières

Introduction générale

Chapitre 1 : Introduction aux SOFCs et Objectifs

Chapitre 2 : Méthodes Expérimentales

Chapitre 3 : Catalyseurs d'anode : Elaboration, Caractérisation & Performances Catalytiques

Chapitre 4 : Demi-cellule symétrique Ni-GDC/GDC/Ni-GDC : Performances électrocatalytiques - Effet d'un catalyseur de reformage à l'anode

Chapitre 5 : Etude de Matériaux de Cathode

Conclusion générale

Liste des abréviations

Résumé

Depuis quelques années, la sensibilisation de la population aux problématiques de « respect de l'environnement », « développement durable » et « réchauffement climatique » est de plus en plus prononcée. En cause, la révolution industrielle et son développement actuel sur tout le globe qui implique des besoins énergétiques, notamment électriques, de plus en plus importants. Cette production d'énergie, basée principalement sur l'exploitation des ressources fossiles et notamment le pétrole, est inévitablement associée au rejet de plusieurs types de polluants : le dioxyde de carbone CO_2, principal gaz à effet de serre, les oxydes d'azote NO_x, les suies issues des automobiles et néfastes pour la santé ou bien encore les SOx responsables des pluies acides. Aujourd'hui, personne ne nie que ces rejets aient à long terme de lourdes conséquences sur l'Homme et sur notre planète.

Même s'il est aujourd'hui difficile d'estimer les ressources pétrolifères mondiales encore disponibles, les experts s'accordent à dire que l'épuisement devrait être atteint d'ici à une quarantaine d'années[1].

A partir de ces constats, plusieurs questions importantes se posent pour les générations futures :

Existe-t-il une ressource potentiellement renouvelable pour remplacer le pétrole ?

Le vent, le soleil et les courants marins seront sans doute les sources d'énergies privilégiées du prochain siècle. Cependant, sur les court et moyen termes, des modèles économiques basés sur des sources d'énergies alternatives devront être développés. C'est déjà le cas pour la valorisation des bioressources en esters en tant que carburant et le développement de biocarburants de 2ème génération.

---

[1] Estimation datant de 2006 - Source : BP Statistical Review

Le gaz naturel (GN), constitué principalement de méthane (CH_4) et donc source d'hydrogène, présente des réserves naturelles importantes mais tarissables dispersées géographiquement sur tout le globe et à l'avantage d'avoir de nombreux réseaux de distribution déjà existants. Par contre, le biogaz, issu de la fermentation des matières animales ou végétales est considéré comme une ressource renouvelable au niveau local. Il contient principalement du méthane avec des quantités variables d'eau et de dioxyde de carbone selon sa provenance.

Le gaz naturel et le biogaz semblent être des sources énergétiques alternatives aux ressources pétrolières, mais comment les exploiter de la meilleure des façons ?

Le gaz naturel est une source de plus en plus utilisée pour produire de l'électricité et de la chaleur par cogénération avec des rendements proche de 90%. La production de vecteurs énergétiques (hydrogène, électricité) est aujourd'hui bien maîtrisée et ce sont finalement le stockage (batteries) et la distribution qui constituent les défis scientifiques et technologiques. C'est pourquoi les projets de transformation sur site du GN en hydrocarbures liquides (procédé GTL - Gas To Liquid) fleurissent. Le complexe PEARL opéré par Shell au Qatar devrait produire d'ici 2011 environ 140 000 barils de carburant par jour qui seront ensuite acheminés par pipelines et pétroliers. Cependant, vu l'investissement colossal de telles installations (environ 6 milliards de $ pour PEARL), cette option ne peut s'appliquer qu'aux plus grands champs de GN. Se pose alors la question de l'exploitation des autres champs de GN moins conséquents qui ne peuvent pas être exploités de cette manière. Il en est de même pour la valorisation du biogaz dont la production sera très dispersée.

La pile à combustible Solid Oxide Fuel Cell (PAC-SOFC) est un système énergétique « propre » qui permet de convertir de l'hydrogène en énergie électrique (jusqu'à une centaine de MW) en ne rejetant que de l'eau. La PAC est aujourd'hui présentée par certains comme LA solution miracle, le procédé énergétique du futur. Mais qu'en est-il réellement ? Pourquoi ce système découvert en 1839 par William R. Grove n'est-il pas pleinement déjà exploité ? Les principaux verrous sont technologiques. On peut citer son coût et sa faible durabilité due à une température de fonctionnement très élevée ($\approx$1000°C). D'autre part, l'hydrogène utilisé en tant que combustible pose des problèmes de stockage (au sens énergétique).

Les SOFCs font aujourd'hui l'objet de nombreuses recherches. Parmi les différents axes étudiés, la valorisation du méthane dans le système PAC-SOFC est envisageable par le couplage d'un pré-reformeur et d'une pile SOFC. Alimenté par un flux composé principalement d'hydrocarbure (propane ou méthane), le pré-reformeur produit les gaz de synthèse nécessaires au fonctionnement de la pile. Cependant, le pré-reformeur augmente l'encombrement, possède un rendement non optimal et implique la présence néfaste de méthane (par méthanation) au contact de la pile classique. Pour remédier à cela, un nouveau concept appelé « **monochambre** » ou « **single-chamber** » qui prévoit d'alimenter directement la pile par un mélange d'hydrocarbure et d'oxygène est intensément étudié depuis peu par de nombreuses équipes de recherche. Cette configuration prévoit d'abaisser la température de fonctionnement entre 400°C et 700°C. Cette gamme de température tout de même assez élevée va se révéler être un avantage considérable sur les autres systèmes de PAC fonctionnant à plus basse température. En effet, il semble envisageable d'alimenter la PAC par du GN ou du biogaz et de produire de l'hydrogène par reformage interne. Cette nouvelle configuration de pile permettrait de diminuer les coûts de fabrication et l'encombrement, d'augmenter la durée de vie compte tenu de l'abaissement de température et d'utiliser le GN comme combustible.

Le développement de cette configuration implique évidemment l'apparition d'un nouveau cahier des charges pour les matériaux.

Les objectifs de ce travail sont donc de contribuer à l'évolution des PAC monochambre en développant de nouveaux matériaux d'électrodes adaptés à l'utilisation du méthane comme combustible (par le gaz naturel ou le biogaz) et ainsi de démontrer que cette alternative pourrait s'avérer être une solution viable pour la production d'électricité dans les années futures.

Chapitre 1

Introduction aux SOFCs
&
Objectifs

I. Généralités

I.1   La pile à combustible (PAC)

Une pile à combustible est une cellule électrochimique galvanique (définie par $\Delta G < 0$ et en opposition à une cellule électrolytique) qui permet de produire un travail électrique à partir d'une énergie chimique. Une cellule élémentaire de pile à combustible est constituée de deux électrodes, l'anode et la cathode, parfaitement séparées par un électrolyte. Dans une telle cellule, les réactions électrochimiques de réduction et d'oxydation sont réalisées respectivement à la cathode (électrode positive) et à l'anode (électrode négative). Dans le cas d'une alimentation en hydrogène à l'anode, en oxygène à la cathode et d'un électrolyte conducteur ionique, la réaction globale du système s'écrit de la manière suivante :

$$H_2 + O^{2-} \Rightarrow H_2O + 2e^- \quad (\Delta G_{298K} = -237 \text{ kJ.mol}^{-1}) \quad (1\text{-}1)$$

Cette réaction résulte des deux réactions redox aux électrodes, est très exothermique, produit un courant électrique et ne rejette que de la vapeur d'eau.

I.1.1   Historique

Les premières recherches sur les piles à combustibles ont été menées en 1839 par William R. Grove d'après les travaux de Christian Friedrich Schoenbein qui fut le premier à mettre en évidence l'électrolyse de l'eau, que l'on peut décrire comme le processus inverse de la pile à combustible. Cependant, une centaine d'années s'est écoulée entre ces premiers travaux et un véritable intérêt pour les PAC, motivé par Francis T. Bacon, qui a conduit aux premiers prototypes de quelques kilowatts dans les années 50. Cela s'explique notamment par l'émergence d'autres moyens de production d'énergie et le coût des matériaux utilisés au sein des piles.

I.1.2 Technologies des PAC

Aujourd'hui, 6 configurations différentes de piles à combustibles sont principalement étudiées. Ces systèmes sont différenciables par leurs températures de fonctionnement, la nature de l'électrolyte mis en œuvre ainsi que le carburant utilisé du côté anodique. Le Tableau 1-1 résume les caractéristiques de ces différents systèmes.

Tableau 1-1 : Caractéristiques des principaux systèmes de pile à combustibles

Système	Electrolyte	Température de fonctionnement	Carburant
Pile à combustible alcaline (AFC)	Hydroxyde de potassium	60-90°C	Hydrogène
Pile à combustible à membrane échangeuse de protons (PEMFC)	Membrane polymère	60-100°C	Hydrogène
Pile a combustible à méthanol direct (DMFC)	Membrane polymère	90-120°C	Méthanol
Pile à combustible à acide phosphorique (PAFC)	Acide phosphorique	200°C	Hydrogène
Pile à combustible à carbonate fondu (MCFC)	Carbonate de métaux alcalins	650°C	Hydrogène, Méthane, Gaz de synthèse
Pile à combustible à oxyde solide (SOFC)	Céramique	800-1000°C	Hydrogène, Méthane, Gaz de synthèse

Dans ce mémoire, le système étudié est la pile à combustible (PAC) à oxyde solide SOFC.

II. Les piles à combustibles SOFC (Solid Oxide Fuel Cell) conventionnelles

II.1 Principe de fonctionnement

Une cellule élémentaire de type SOFC dite conventionnelle est représentée Figure 1-1.

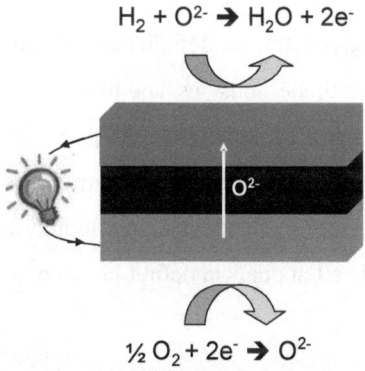

$$H_2 + O^{2-} \rightarrow H_2O + 2e^-$$

$$\tfrac{1}{2} O_2 + 2e^- \rightarrow O^{2-}$$

Figure 1-1 : Représentation d'une cellule élémentaire d'une PAC de type SOFC

L'empilement est constitué d'une cathode poreuse (représentée en orange), soumise à l'air et qui réalise la réaction de réduction de l'oxygène de l'air en ions O^{2-}. Ces ions sont ensuite acheminés à travers un électrolyte solide dense (représenté en noir). L'électrolyte a également pour but de réaliser l'étanchéité entre les compartiments anodique et cathodique. La dernière couche est l'anode (représentée en gris), également poreuse, qui réalise la réaction d'oxydation électrochimique du combustible (ici l'hydrogène) par les ions oxygène. L'eau est évacuée sous forme de vapeur et les électrons produits sont transférés par un circuit externe puis sont consommés pour la réduction électrochimique de l'oxygène à la cathode.

Les deux demi réactions associées à chaque électrode sont indiquées sur la Figure 1-1. Une température de fonctionnement de l'ordre de 800-1000°C est nécessaire afin d'obtenir une conductivité ionique suffisante au sein de l'électrolyte.

Une succession d'empilements élémentaires appelée stack, permet de cumuler la puissance et ainsi d'obtenir des configurations atteignant les centaines de kilowatts.

II.2 Origine de la force électromotrice

La force électrochimique (fem) est définie comme la différence de potentiel entre l'anode et la cathode sous les conditions d'équilibre, c'est-à-dire lorsque aucun courant n'est débité de la pile. Cette force s'explique physiquement par le gradient de pressions partielles en oxygène entre les compartiments anodique et cathodique qui induit un transfert des ions oxygène de la cathode à l'anode. On définit la fem par :

$$E = E_{cathode,eq} - E_{anode,eq} \quad (1\text{-}2)$$

Avec $E_{cathode,eq}$ et $E_{anode,eq}$ les potentiels d'équilibre (ou potentiels réversibles) respectivement de la cathode et de l'anode.

Lorsque la pile débite du courant ($i \neq 0$), sa tension aux bornes chute et peut s'exprimer de la manière suivante :

$$E = E°_{(i=0)} - \Sigma\eta_{électrodes} - \Sigma Ri \quad (1\text{-}3)$$

- $E°$ est défini comme la tension idéale, c'est à dire la tension à l'équilibre lorsque aucun courant n'est débité de la pile. Théoriquement, on a $E°=1.23V$ à 25°C (1.1 V à 800°C). Cette tension est fonction de la température, du combustible ou bien encore des pressions partielles.

- $\eta_{\text{électrodes}}$ est défini comme la somme des surtensions anodique et cathodique. Ces surtensions représentent les pertes énergétiques ayant lieu durant les différents phénomènes électrochimiques et sont principalement liées à : la difficulté de transfert de charge à travers l'interface électrode – électrolyte (surtension d'activation) ; La résistance due au transfert de masse des espèces électroactives vers ou depuis les électrodes (surtension de concentration) ; la résistance ohmique des électrodes. Ces phénomènes sont irréversibles.

- R correspond à la chute ohmique dans l'électrolyte et est principalement liée à la conductivité spécifique du matériau utilisé, son épaisseur ou bien encore sa méthode de mise en forme.

II.3 Atouts d'une pile SOFC

Les piles SOFC possèdent de nombreux avantages sur les actuels moyens de production d'énergie. En effet, la production d'énergie associée aux PAC est dite « propre ». L'utilisation d'hydrogène en tant que combustible permet de ne rejeter que de la vapeur d'eau et contrairement aux moteurs thermiques aujourd'hui utilisés, le système ne produit aucune émission de NOx ni de particules.

Le rendement associé aux SOFC est de l'ordre de 60%. Cette valeur est bien supérieure au rendement (40%)[1] obtenu dans les conditions optimales pour les moteurs thermiques développés aujourd'hui. Cela s'explique notamment par la présence de pièces mécaniques (pertes d'énergie principalement par dissipation de la chaleur et par frottement entre les

---

[1] http://www.ifp.fr

pièces mécaniques) et par la limitation thermodynamique décrite par le cycle de Carnot.

Par rapport aux PEMFC, l'autre configuration de pile largement étudiée, les SOFC présentent également quelques avantages :

En effet, la température de fonctionnement de l'ordre de 800-1000°C permet d'envisager d'alimenter l'anode par d'autres carburants que l'hydrogène et notamment le gaz naturel ou les gaz de synthèse et de réaliser ainsi un reformage interne à l'anode. De plus, l'anode d'un empilement SOFC est tolérante au monoxyde de carbone CO alors que les PEMFC sont très rapidement empoisonnées pour des valeurs supérieures à 100 ppm. Il est nécessaire alors de procéder à 2 étapes (à haute et basse température) mettant en œuvre la réaction de Water Gas Shift ($CO + H_2O \Leftrightarrow CO_2 + H_2$).

II.4 Configurations et mise en forme

Les empilements SOFC se présentent généralement sous deux configurations différentes.

La première est dite tubulaire et est mise en forme par extrusion et frittage d'un matériau d'électrode, en général la cathode (notée « Air électrode » sur la Figure 1-2). L'électrolyte et l'anode (fuel électrode) sont ensuite déposés par différentes méthodes (CVD Chemical Vapour Deposition, slurry coating…) sur toute la surface externe de la couche extrudée. En condition de fonctionnement ; l'air est injecté à l'intérieur du tube alors que la surface extérieure du tube, l'anode, est soumise au flux du combustible. Des tests de pile utilisant cette configuration ont montré des densités de puissance assez modestes d'environ 0.25-0.3 W.cm^{-2} à 1000°C sous hydrogène pendant une durée de 25000h [1]. Siemens et Westinghouse font partie des principaux utilisateurs de cette technologie.

La seconde configuration est planaire et est la plus utilisée actuellement, notamment par Mitsubishi Heavy Industries et Rolls Royce car elle est plus simple et moins coûteuse à mettre en œuvre. En effet, comme le montre la Figure 1-2, il s'agit d'un empilement de 3 couches céramiques planes élaborées par des moyens de mise en forme céramique assez conventionnels tels que le tape-casting, le screen printing ou bien encore le plasma spraying [1].

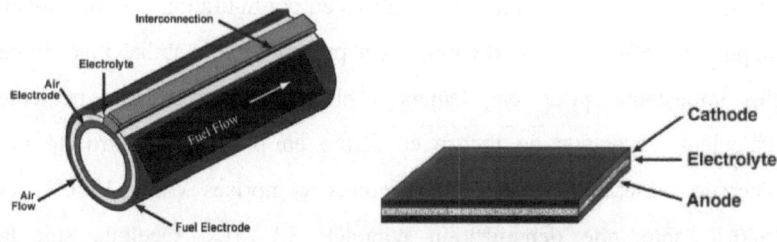

Figure 1-2 : Représentation d'une PAC-SOFC en configurations tubulaire et planaire

Ces deux configurations peuvent présenter des épaisseurs de couches variables que l'on peut classer en 3 catégories. Le Tableau 1-2 donne une représentation des empilements ainsi que les avantages et inconvénients associés à chacun.

Tableau 1-2 : Caractéristiques des 3 catégories principales d'empilements. A = anode ; E= électrolyte ; C = cathode

Empilement	Représentation	Avantages	Inconvénients
Electrolyte support	A / E / C	Support mécanique par électrolyte dense	Forte chute ohmique due à l'épaisseur de l'électrolyte
Anode support	C / E / A	Electrolyte mince: Température de fonctionnement abaissé	Limitation par transport de matière + stabilité mécanique
Cathode support	A / E / C		

La majorité des empilements sont réalisés en configuration planaire anode support. En effet, ce type d'empilement présente une stabilité mécanique plus importante qu'un empilement à électrode support. Elle présente également l'avantage de mettre en forme en premier l'électrolyte qui nécessite généralement des températures comprises entre 1300°C et 1500°C pour une densification complète [2, 3]. Quelque soit la configuration (planaire ou tubulaire) et les différents empilements possibles (électrolyte ou électrode support), une des principales difficultés liées à la mise en forme de cellule est l'adhérence entre les différentes couches. Le dépôt des électrodes sur l'électrolyte est une étape cruciale. En effet, de la qualité des interfaces électrode/électrolyte dépendront le transfert des ions oxygène de la cathode à l'anode, les résistances interfaciales et donc les performances globales du système.

Il existe aujourd'hui différentes techniques de dépôts de poudres céramiques. Certaines nécessitent des moyens techniques et des coûts importants comme la *Chemical* ou *Physical Vapor Deposition* (CVD, PVD) etc. D'autres techniques comme le *dip-coating* ou le *slurry coating* qui consistent à déposer simplement une barbotine de poudres céramiques sur un support sont beaucoup plus simples à mettre en œuvre techniquement mais présentent tout de même certaines difficultés. En effet, il convient de réaliser une barbotine possédant des propriétés physico-chimiques adéquates pour le dépôt. Pour cela, les composants (liant, dispersant, poudre(s)) de la barbotine et leurs proportions doivent être judicieusement choisis. La littérature présente de nombreux exemples de réalisation d'empilements par dépôt de barbotine [4-6], malheureusement les proportions de chaque composant ne sont que très rarement données. De plus, les caractéristiques de la barbotine dépendant en grande partie de la physico-chimie des poudres céramiques, il est la plus part du temps nécessaire de développer sa propre « recette ». Il est à noter qu'il existe une autre catégorie d'empilement appelée « interconnecteur support » où l'interconnecteur va servir de support mécanique à l'empilement.

II.5 Matériaux mis en jeu

II.5.1 Electrolyte : Critères & Matériaux

Comme énoncé précédemment, l'électrolyte d'une PAC-SOFC doit posséder les caractéristiques suivantes :

- Une conductivité ionique très supérieure (10^{-2} S.cm^{-1} requis) à la conductivité électrique ($<10^{-4}$ S.cm^{-1}). La résistance ohmique recherchée est de 0.15 Ω.cm².
- Etre stable chimiquement et mécaniquement en milieu réducteur et oxydant.
- Un coefficient d'expansion thermique compatible avec ceux de l'anode et de la cathode.
- Etre inerte chimiquement avec les matériaux anodique et cathodique.

Parmi les différents matériaux envisageables, les céramiques de type conducteur ionique sont très largement étudiées avec notamment la zircone qui présente des caractéristiques intéressantes.

La zircone ZrO_2 est un oxyde de terre rare conducteur ionique qui cristallise à haute température dans le système cubique représenté sur la Figure 1-3.

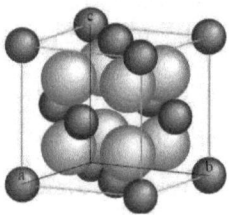

Figure 1-3: Maille cristalline cubique de la zircone ZrO_2

Afin d'augmenter la conductivité ionique, un dopage par un autre oxyde de terre rare, généralement l'oxyde d'yttrium Y_2O_3 est réalisé. On parle alors la zircone yttriée notée YSZ. La quantité optimale de dopant à insérer dans la maille de zircone a été trouvée aux alentours de 8% molaire comme l'indique la Figure 1-4. Le dopage par l'yttrium permet également de stabiliser la phase cubique [7] et évite ainsi toute distorsion de la maille et contrainte mécanique.

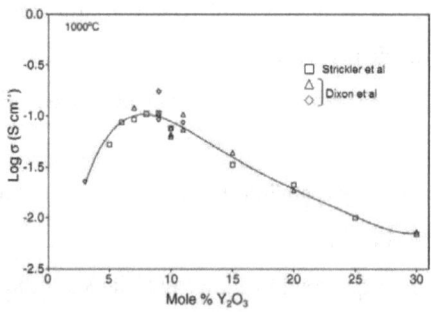

Figure 1-4 : Evolution de la conductivité ionique de YSZ en fonction du taux de dopant dans la zircone à 1000°C sous air selon *Fergus* [7] et d'après *Strickler* [8] et *Dixon* [9]

La conductivité ionique de YSZ dopée à 8% par Y_2O_3 atteint 10^{-1} S.cm^{-1} à 1000°C [10] et son utilisation pour des températures inférieures à 800°C ne semblent pas réalisables.

La mise en forme de YSZ pour l'obtention d'un électrolyte dense (sans porosité ouverte ni connectée) nécessite des températures élevées d'environ 1300-1500°C pour une durée variable qui est fonction de la morphologie de la poudre de départ.

Une autre structure perovskite ayant pour formule $La_{0.8}Sr_{0.2}Ga_{0.8}Mg_{0.2}O_{3-\delta}$ (LSGM) est également très étudiée dans la littérature. Le matériau LSGM est une phase perovskite présentant une conductivité ionique intéressante (0.17 S.cm^{-1} à 800°C [11] et Figure 1-14) et une grande stabilité en milieux oxydant et réducteur. Cependant, l'utilisation de LSGM en tant qu'électrolyte impose d'utiliser des anodes sans nickel. En effet, LSGM est très réactif avec le nickel (principal métal utilisé dans le cas de cermet à l'anode) et forme des nickelates de lanthanes. Afin de remédier à cela, il est suggéré d'insérer une couche intermédiaire (de cérine généralement) entre l'anode et la cathode ce qui augmente cependant les résistances de polarisation de l'empilement et rend plus complexe l'élaboration.

II.5.2 Anode : Critères & Matériaux

L'anode est l'électrode où se déroule la réaction d'oxydation du combustible. Pour cela, le(s) matériau(x) utilisé(s) doivent satisfaire les critères suivants :

- Une activité catalytique suffisante et stable dans le temps envers l'oxydation du combustible.

- Une conductivité ionique importante dans la plage de fonctionnement considérée (800-1000°C) pour le transfert des ions oxygène jusqu'aux sites de réaction.

- Une conductivité électronique élevée afin de permettre l'évacuation des électrons issus de l'oxydation électrochimique de l'oxygène.

- Etre stable en milieu réducteur (jusqu'à $P_{O2}=10^{-21}$ atm).

- Un coefficient thermique d'expansion compatible avec celui de l'électrolyte afin d'éviter des contraintes mécaniques trop importante à haute température engendrant dans la plupart des cas délamination et fissures.

- Etre chimiquement inerte avec l'électrolyte pour éviter la formation de phases supplémentaires.

Afin de satisfaire ce cahier des charges, différents matériaux ont été étudiés parmi lesquels des matériaux purs et des composites.

Le matériau utilisé dans la majorité des cas est un composite céramique-métal appelé cermet. Ce matériau composite permet d'associer la conductivité électrique élevée et l'activité catalytique d'un métal à la conductivité ionique d'une céramique.

La faisabilité de la réaction (1-1) impose la présence d'un conducteur ionique, d'un conducteur électrique et du combustible. Le site de réaction où sont réunis ces 3 éléments est appelé Triple Phase Boundary (TPB). Afin d'augmenter le nombre de TPB et ainsi l'efficacité énergétique du système, une morphologie poreuse est requise. Le réseau électrique formé par le nickel ainsi que le réseau de conduction ionique formé par la céramique doivent être percolant dans tout le volume de l'anode pour permettre l'évacuation des électrons et le transfert des ions oxygène jusqu'aux TPB. La Figure 1-5 représente la morphologie poreuse anodique idéale d'un cermet déposé sur un électrolyte dense. De manière générale, la céramique utilisée pour le matériau composite est identique au matériau d'électrolyte. Cela permet de s'affranchir des problèmes de compatibilité thermique et facilite l'élaboration.

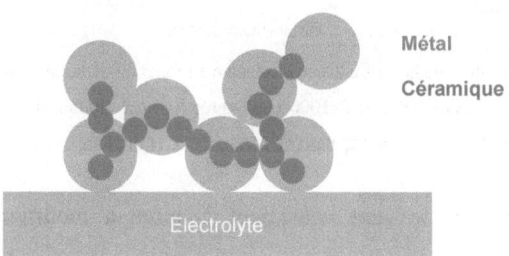

Figure 1-5 : Représentation théorique d'un cermet et mise en évidence des sites de réaction
Triple Phase Boundary (TPB)

Parmi les métaux envisageables, il a été montré que le nickel possède l'activité électrochimique la plus importante envers l'oxydation de l'hydrogène [12]. La conductivité électrique du nickel est estimée à $\approx 2x10^4$ S.cm^{-1} à 1000°C [13] ce qui satisfait au critère précédemment énoncé.

En ce qui concerne la céramique conductrice ionique, là encore la zircone dopée à l'yttrium est régulièrement utilisée de par sa conductivité ionique importante et sa stabilité dans la gamme de température 800-1000°C.

De nombreuses études ont visé à optimiser les caractéristiques de l'anode (morphologie, conductivités, épaisseur..) afin d'obtenir la meilleure efficacité. Par exemple, il a été montré que la fraction volumique optimale de nickel pour une bonne conduction électrique se situe à environ 30% en volume (Figure 1-6). Cette proportion est également très dépendante des tailles et du ratio des tailles de particules métallique et céramique utilisée [13].

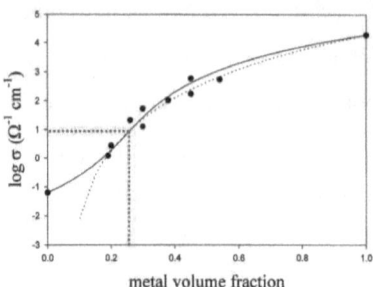

Figure 1-6 : Evolution de la conductivité électrique en fonction de la fraction volumique de nickel dans un cermet Ni-YSZ à T=1000°C. D'après *Anselmi-Tamburini et al* [14] . Trait pointillé = équation standard de percolation; Trait plein: expérience

De nombreuses études ont également cherché à modifier la voie de synthèse des particules de NiO et YSZ [15, 16] afin de changer la morphologie des poudres. La porosité au sein de l'anode est créée lors de la réduction de l'oxyde nickel en nickel métallique. Certains groupes cherchent à augmenter cette porosité en diminuant la température de frittage ou bien en ajoutant des agents porogènes tels que l'amidon ou le noir de carbone lors de l'élaboration [6, 17].

Des tests de pile SOFC ayant pour anode un cermet Ni-YSZ et fonctionnant sous hydrogène entre 800 et 1000°C ont été réalisés par de nombreux groupes. Bien que le résultat soit dépendant de nombreux paramètres (température de test, taille de la cellule, morphologie et épaisseur des électrodes...), on peut citer parmi les résultats les plus marquants les travaux de *De Souza et al* qui ont obtenu une densité de puissance de 1.9 W.cm^{-2} à 800°C pendant plus de 700 heures [18].

Les matériaux à structure perovskite cubique ABO_3 (Figure 1-7) présentent, selon leur composition, une haute conductivité électrique, de bonnes propriétés électrochimiques pour la réduction de l'oxygène, une possible conductivité ionique élevée à haute température et une activité catalytique importante pour l'oxydation d'hydrocarbures. L'infinité de structures théoriquement possibles obtenues en modifiant et/ou dopant les éléments en site A et B permet de moduler les caractéristiques intrinsèques du matériau.

Figure 1-7 : Maille cristalline cubique perovskite ABO_3 (Atome A en bleu clair, atome B en bleu foncé et oxygène en rouge)

Parmi les différentes familles de matériaux pérovskites, les titanates $(LaTiO_{3-\delta})$ et les chromites $(LaCrO_{3-\delta})$ sont principalement étudiées.

Les titanates sont de très bons conducteurs électriques, stables en milieu réducteur mais qui se dégradent assez rapidement en présence d'oxygène. Une optimisation de la composition, notamment par un dopage à 8% d'yttrium en site A a permis d'obtenir une conductivité électrique de 82 S.cm^{-1} à 800°C sous $P_{O2} = 10^{-19}$ atm [19]. Les résistances de polarisation associées à cette famille sont généralement de l'ordre de 3 Ω.cm² sous hydrogène à 1000°C [20]. Ces différentes observations rendent l'utilisation de titanates impossible en tant qu'anode seule mais possible dans le cas d'un cermet.

Les chromites dopées en strontium sur le site A (LSC) possèdent des propriétés électrochimiques très modestes, résultant en une faible conductivité ionique et très souvent à une faible adhérence sur les supports céramiques d'électrolyte [21]. Les résistances de polarisation associées aux chromites sont généralement très élevées même à haute température [22]. L'addition de Mn en site B permet (LSCM) permet d'améliorer de façon importante les caractéristiques électrochimiques, la stabilité ainsi que la compatibilité avec les céramiques d'électrolyte [23]. Ce dopage permet également d'abaisser les résistances de polarisation. A titre d'exemple, une anode déposée sur YSZ et constituée de $La_{0.75}Sr_{0.25}Cr_{0.5}Mn_{0.5}O_{3-\delta}$ a montré une valeur de 0.9 $\Omega.cm^2$ sous hydrogène à 925°C [24]. Malheureusement, la conductivité électrique restant faible, l'utilisation en tant que cermet avec notamment le nickel ou le cuivre [25, 26] reste inévitable.

II.5.3 Cathode: Critères & Matériaux

La cathode est l'électrode où a lieu la réaction de réduction électrochimique de l'oxygène. La cathode est généralement décrite comme étant l'élément présentant la résistance de polarisation la plus importante causée par une activité électrochimique limitée pour la réduction de l'oxygène. Le cahier des charges est le suivant :

- Une activité électrochimique importante pour la réduction de l'oxygène.
- Une conductivité électronique élevée de l'ordre de 100 $S.cm^{-1}$ à 700°C.
- Une conductivité ionique supérieure à 10^{-2} $S.cm^{-1}$ à 700°C pour assurer un flux d'ions oxygène jusqu'à l'électrolyte.
- Une chute ohmique (ou résistance de polarisation) de 0.1 $\Omega.cm^2$ à 700°C
- Une stabilité thermique à haute température en présence d'oxygène.
- Une bonne compatibilité chimique (absence de réactivité) et mécanique (coefficient d'expansion thermique) avec l'électrolyte.

Parmi les différents matériaux envisageables, les composés à structure perovskite sont particulièrement intéressants.

De nombreuses familles de phases perovskite ont été étudiées parmi lesquelles les manganites ($LaMnO_{3-\delta}$), les cobaltites ($LaCoO_{3-\delta}$), les ferrites ($LaFeO_{3-\delta}$), les nickelates ($LaNiO_{3-\delta}$) ou bien encore les cuprates ($LaCuO_{3-\delta}$).

Hormis les nickelates, ces matériaux présentent généralement des conductivités électroniques satisfaisant les 100 S.cm^{-1} [27, 28] et pouvant même atteindre les 580 S.cm^{-1} à 800°C pour les ferrites dont le site A est en partie substitué par du nickel [29].

Le principal inconvénient de ces matériaux réside dans leur importante réactivité chimique à haute température avec la zircone yttriée qui mène à des phases du type pyrochlore $SrZrO_3$ ou $La_2Zr_2O_7$ comme il a été montré par *Hrovat et al* [30] pour les cobaltites et par *Simner et al* [31] pour les ferrites. La formation de cette phase est préjudiciable pour la tenue mécanique et le maintien de la conductivité électrique.

La phase perovskite la plus largement étudiée reste le manganite de lanthane substituée au strontium $La_{1-x}Sr_xMnO_{3-\delta}$ (LSM). Cette phase possède une conductivité électronique d'environ 130 S.cm^{-1} à 700°C [32] et un coefficient d'expansion thermique proche de celui de la zircone yttriée ($\approx 11.10^{-6}$ K^{-1} pour LSM [33] contre $10.5.10^{-6}$ K^{-1} pour YSZ à 1000°C [13]). Bien que la diffusivité ionique soit faible [34], il est possible de limiter la réactivité avec YSZ en insérant un dopage en strontium à hauteur de 50% [35, 36] ou bien en formant une phase sous stoechiométrique en dopant le site A par un oxyde de terre rare (Pr, Sm, Nd) [33].

II.6   Un développement envisageable à grande échelle ?

Il a été montré que les piles SOFC dites conventionnelles possèdent de nombreux avantages sur les systèmes actuels de production d'énergie. Les travaux de recherche menés depuis plusieurs décennies ont permis une évolution importante dans le choix des matériaux et leur mise en forme afin d'optimiser l'efficacité énergétique du système global. Il est cependant légitime de se demander pourquoi un tel système promettant une production énergétique « propre » peine à être développé au niveau industriel. Il existe aujourd'hui de nombreux prototypes de PAC-SOFC mais leur développement à grande échelle reste soumis à plusieurs défis technologiques importants.

L'utilisation d'hydrogène en tant que combustible a l'avantage majeur de ne rejeter que de la vapeur d'eau. Malheureusement, sa présence à l'état naturel ne représente qu'une très faible partie de l'atmosphère et sa production à l'état purifié demeure aujourd'hui un processus lourd et coûteux quelque soit le moyen de production. L'électrolyse de l'eau permet par exemple d'obtenir un combustible de grande pureté mais l'énergie électrique nécessaire à cette réaction est beaucoup trop coûteuse pour que cette méthode soit viable.

L'hydrogène peut aussi être obtenu à partir du gaz naturel ou de la biomasse (principalement constituée de méthane) que ce soit par vaporeformage ou oxydation partielle. Ces procédés nécessitent plusieurs étapes : désulfuration, reformage à haute température et Pressure Swing Adsorption pour la purification de l'hydrogène mais sont aujourd'hui bien maîtrisés.

Le principal problème inhérent à l'utilisation de l'hydrogène est son stockage et son transport. Ce combustible peut être stocké à l'état gazeux ou liquide, ce dernier étant plus énergétique (1L de H_2 représente 2.36

kWh) mais nécessite en contrepartie beaucoup d'énergie (0.9 kWh pour 1L) et une température inférieure à 20K sous 1 bar. Le stockage à l'état gazeux est plus simple mais nécessite un stockage sous une pression atteignant 350 bars pour un rendement suffisant ce qui implique le développement de nouveaux réservoirs.

Concernant le transport, il existe aujourd'hui certains réseaux d'hydrogène mais qui restent malgré tout très limité et qui ne sont pas adapté dans le cadre d'une utilisation à distance ou domestique[2].

Des problèmes technologiques sont également présents. En effet, un moyen de production d'énergie nécessite d'être rentable d'un point de vue économique mais aussi d'être stable dans le temps. Or, la température de fonctionnement élevée (800-1000°C) et la réductibilité importante liée à l'hydrogène implique une importante tenue mécanique des matériaux, en particulier du côté de l'anode. En effet, un maintien à haute température pendant une période prolongée peut engendrer un frittage et une agglomération des particules de nickel comme observés par *Iwata et al* [37] et *Simwonis et al* [38] provoquant une perte de connexion électrique et donc une dégradation des performances.

Une pile SOFC conventionnelle possède deux alimentations en gaz bien distinctes : l'hydrogène à l'anode et l'air ou l'oxygène à la cathode. Cette caractéristique impose d'avoir un électrolyte dense qui fasse une étanchéité parfaite entre les deux compartiments. La densification de l'électrolyte nécessite des températures de frittage élevées de l'ordre de 1400°C ce qui est considéré comme une contrainte technique lors de l'élaboration. Cette séparation obligatoire induit également deux alimentations distinctes en

---

[2] http://www.axane.fr/fr/products/h2/h2_5_zoom.html

aval de la cellule. L'encombrement est ainsi important et l'utilisation en application mobile pourrait être remise en question.

Parmi les différentes options, il semble que l'utilisation d'un hydrocarbure et plus précisément le méthane principal constituant du gaz naturel, composé présentant le meilleur ratio H/C, des ressources mondiales importantes (Figure 1-8) et des réseaux de distribution préexistants, soit une option envisageable. Cette option implique de procéder au reformage de l'hydrocarbure directement au sein de la cellule SOFC et donc la présence d'un catalyseur.

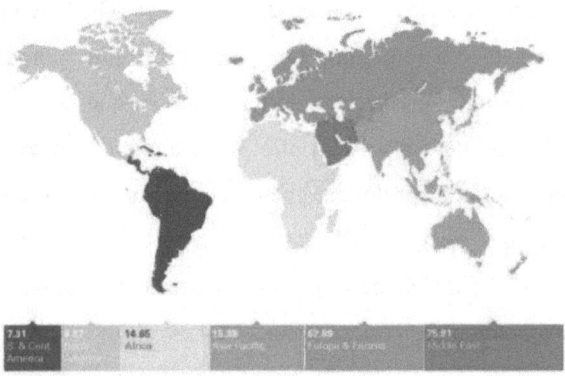

Figure 1-8 : Répartition mondiale des réserves de gaz naturel à fin 2008. Les valeurs indiquées correspondent à des trillions de mètres cube. D'après *www.bp.com*

Des études réalisées notamment par *Takeguchi et al* [39] ont montré qu'alimenter un empilement conventionnel par du méthane n'est pas possible. En effet, le méthane se décompose sur les particules de nickel selon l'équation (1-4) et forme des particules sphériques de carbone (Figure 1-9).

$$CH_4 \Rightarrow C + 2H_2 \quad (1-4)$$

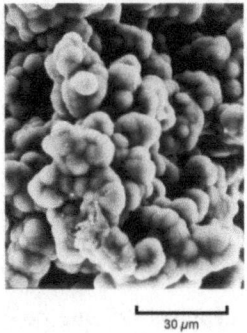

Figure 1-9 : Mise en évidence des dépôts de carbone par craquage du méthane sur un cermet Ni-YSZ à 1000°C. D'après *Takeguchi et al.* [39]

Ce craquage du méthane produit bien de l'hydrogène mais le dépôt de carbone bloque l'accès aux sites de réaction et inhibe très rapidement la réaction électrochimique anodique, l'apport d'oxygène par YSZ n'étant pas suffisant pour oxyder ce dépôt de carbone.

Les contraintes évoquées précédemment suggèrent d'importantes modifications afin d'envisager de développer industriellement les PAC-SOFC. Depuis plusieurs années, les travaux de recherche visent à diminuer la température de fonctionnement dans la gamme dite intermédiaire (400-700°C). YSZ ne possédant pas une conductivité ionique satisfaisant les 10^{-2} S.cm^{-1} en dessous de 700°C, il est nécessaire de développer de nouveaux matériaux qui soient meilleurs conducteurs ioniques dans l'intervalle 400-700°C et qui puissent être utilisé à la fois en tant que matériau d'électrolyte et anodique.

Par ailleurs, l'utilisation d'hydrogène en tant que combustible semble compromise tant que les verrous technologiques de stockage et de transport ne seront pas réglés. Il est donc envisagé de modifier le combustible.

C'est dans cette optique que le concept monochambre ou « single-chamber » a été imaginé.

III. Le concept IT-SC-SOFC

Le concept de pile SOFC dénommé SC-SOFC pour Single-Chamber Solid Oxide Fuel Cell ou monochambre a été mis en évidence par *Grünenberg et al* en 1961. Ce n'est que depuis 1995 que ce concept est très largement étudié notamment par *Hibino et al* [40]. Ces derniers suggèrent une nouvelle configuration qui prendrait en compte d'importantes modifications à apporter concernant le développement des piles SOFC : modification du combustible et simplification du système global. Un abaissement de la température de fonctionnement dans la gamme 400-700°C peut également être envisagé, on peut alors parler de IT-SC-SOFC pour Intermediate Temperature SC-SOFC.

III.1 Principe de fonctionnement

La configuration monochambre consiste en une cellule élémentaire soumise à la même atmosphère gazeuse comprenant à la fois le combustible et le comburant (Figure 1-10). Dans ces conditions, l'anode et la cathode sont soumises au même mélange. Le problème de gestion des gaz s'en trouve ainsi largement simplifié. Cela permet aussi l'utilisation d'un électrolyte qui ne soit pas parfaitement densifié ce qui permet d'abaisser sa température d'élaboration et ainsi diminuer les coûts de fabrication [41]. La Figure 1-10 représente le schéma de principe d'une pile SOFC monochambre :

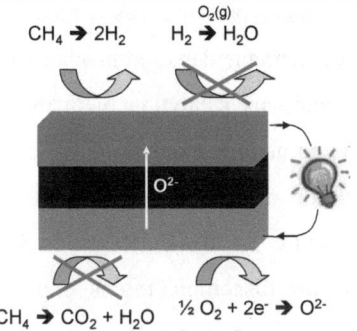

Figure 1-10 : Schéma de principe d'une pile SOFC monochambre et des différentes réactions d'électrodes

L'alimentation commune en combustible et comburant implique le développement de nouveaux matériaux d'électrodes. En effet, le gradient de pression partielle d'oxygène entre l'anode et la cathode présent dans la configuration « conventionnelle », et à l'origine du transfert ionique à travers l'électrolyte n'existe plus dans le cas monochambre. L'objectif majeur du fonctionnement d'une telle cellule sera de recréer ce gradient d'oxygène au voisinage des surfaces des électrodes. Le défi consiste donc à développer des matériaux d'électrodes sélectifs envers les réactions présentées Figure 1-10 :

- Les nouveaux matériaux anodiques doivent posséder les caractéristiques requises énoncées au § II 5.2 et réaliser en plus la conversion de l'hydrocarbure en gaz de synthèse (H_2 et CO) qui sont ensuite oxydés électrochimiquement selon les équations présentées sur la Figure 1-1. Les gaz de synthèse ne doivent pas non plus être oxydés par l'oxygène gazeux. La présence d'oxygène au contact de l'anode implique une attention particulière sur l'état d'oxydation du nickel. En effet, il convient que ce dernier reste dans son état métallique et ne soit pas oxydé [42].

- La cathode doit toujours présenter les caractéristiques présentées au §
II.5.3. La présence de méthane dans l'atmosphère de la cellule implique le
développement de matériaux catalytiquement inerte envers la conversion
des hydrocarbures. Une activité catalytique de la cathode entraînerait une
chute de la fem, d'une part par la diminution du gradient de pression
partielle d'oxygène entre les deux électrodes, et d'autre part par une
quantité de combustible disponible moins importante pour la réaction
anodique. La stabilité en présence de vapeur d'eau et de dioxyde de
carbone est également un critère important.

L'alimentation commune en combustible (le méthane est choisi en
exemple) et comburant implique tout de même certaines restrictions.
Comme le montre la Figure 1-11 qui représente le diagramme
d'inflammabilité d'un mélange méthane – oxygène – azote à température
ambiante, il existe une zone, représentée en bleu, pour laquelle le mélange
des trois gaz est explosif. Les notations HEL et LEL indiquent
respectivement les limites haute et basse d'inflammabilité du méthane dans
l'air.

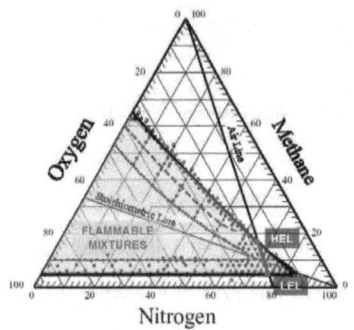

Figure 1-11 : Diagramme d'inflammabilité pour un mélange Méthane – Oxygène – Azote à
température ambiante

Il semble évident que dans le cadre d'un développement industriel et pour des raisons pratiques, il convient d'injecter le méthane avec de l'air. Les différents mélanges méthane – air se situent sur la ligne « Air line ». On peut se rendre compte que pour un mélange à teneur supérieure à 18 % en méthane dans l'air, une conversion importante de l'hydrocarbure sans consommation de l'oxygène amènerait à se retrouver dans la zone d'inflammabilité. Deux solutions sont alors envisageables afin d'éviter tout problème. La première consiste à se placer sous cette zone ce qui implique d'injecter seulement 5% de méthane, et donc obtenir des rendements énergétiques assez faibles. L'autre solution consiste à se placer sur la droite de la zone d'inflammabilité et injecter un mélange très riche en méthane avec seulement quelques pourcents d'oxygène.

III.2 CeO_2, remplaçante idéale de YSZ ?

Il a été démontré précédemment qu'YSZ n'est plus appropriée lorsque la température de fonctionnement se situe autour de 600°C et qu'un hydrocarbure est utilisé en tant que combustible. Pour s'affranchir de ce matériau, les études portent aujourd'hui sur la cérine CeO_2. Il s'agit d'un oxyde de terre rare qui cristallise dans le système cubique. A haute température et faible pression partielle en oxygène, la cérine pure est considérée comme un conducteur mixte (conductivités électronique et ionique). Sa réductibilité sous de faibles pressions partielles d'oxygène et à haute température résulte en une augmentation de la concentration des lacunes d'oxygène et donc d'électrons par conservation de l'électroneutralité (Equation 1-5). La cérine est alors considérée comme un semi-conducteur de type n dont les principaux porteurs de charge sont les électrons. Chaque électron peut être assimilé comme équivalent à un cation Ce ayant subi une réduction de l'état +4 à l'état +3 (Equation 1-6). La proportion de conductivité ionique à 1000°C est de l'ordre de 3% de la conductivité totale [43]. Cette réduction est observable (sous H_2) à partir d'environ 470°C et correspond à la réduction de la surface de la cérine. La seconde étape de la réduction s'opère vers 700°C et est attribuée au bulk [44]. La réduction peut s'exprimer de la manière suivante dans la notation Kröger-Vink:

$$Oo \Leftrightarrow \frac{1}{2} O_2 \text{ (gaz)} + Vo^{\cdot\cdot} + 2e^- \quad (1\text{-}5)$$

$$Ce^{4+} + e^- \Leftrightarrow Ce^{3+} \quad (1\text{-}6)$$

Avec $V_o^{\cdot\cdot}$ une lacune d'oxygène.

La très faible conductivité ionique de la cérine pure est attribuée au désordre intrinsèque lié aux possibles défauts (Frenkel et Schottky) de la maille cristalline.

La structure fluorite possède l'avantage de tolérer un haut degré de désordre atomique qui peut être obtenu soit par réduction soit par dopage. La réduction engendre une augmentation de la conductivité électronique (Equation 1-7) alors que le dopage par un élément de valence inférieure à la cérine (+4) sera compensé par la création de lacunes d'oxygène. Afin d'obtenir une conductivité ionique prédominante et suffisante, il est donc nécessaire d'insérer un dopant bi ou trivalent de faible valence (+3) comme le gadolinium ou le samarium dans la maille cristalline. La conduction devient alors majoritairement ionique :

$$2Ce_{Ce} + O_O + M_2O_3 \Leftrightarrow 2M_{Ce}^{'} + V_O^{\cdot\cdot} + 2\ O_2 \text{ (gaz)} \quad (1\text{-}7)$$

Un dopage par un cation à l'état +4 identique à la cérine (Zr^{4+}, Pr^{4+}) n'aura un effet bénéfique sur la conductivité ionique que si il possède un rayon ionique différent de la cérine en introduisant des défauts cristallins.

Faber et al ont démontré que la conductivité ionique optimale dépends à la fois de la nature et de quantité de dopant dans la maille cristalline comme le montre la Figure 1-12 [45].

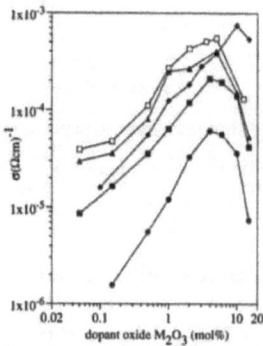

Figure 1-12 : Evolution de la conductivité ionique en fonction de la nature et de la quantité de dopant dans la cérine avec M = Yb($\bullet$), Y($\blacksquare$), Gd($\blacklozenge$), La($\blacktriangle$), et Nd ($\square$). D'après *Faber et al* [45]

Par exemple, une conductivité ionique optimale est obtenue pour un dopage en gadolinium à 10% mol. Cette valeur est fonction à la fois des caractéristiques du dopant et du maximum de solubilité du dopant dans la maille hôte.

Eguchi et al ont montré qu'un dopage de 10% molaire par le samarium ou le gadolinium permettait d'obtenir les conductivités ioniques les plus élevées (Figure 1-13) [46]. Cette modification permet la création de lacunes et facilite le mouvement des ions O^{2-} au sein de la structure.

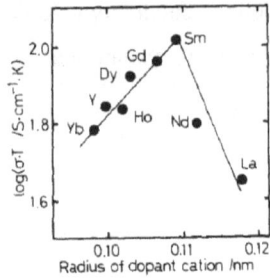

Figure 1-13 : Evolution de la conductivité ionique en fonction du dopant pour

$(CeO_2)_{0.8}(LnO_{1.5})_{0.2}$ à 800°C

Ce dopage se traduit de la manière suivante dans la notation Kröger-Vink :

$$M_2O_3 = 2M_{Ce}' + V_o^{\cdot\cdot} + 3O_o \quad (1\text{-}8)$$

Avec M_2O_3 l'oxyde mixte dopant, M_{Ce}' un site excédentaire en électron présentant un cation Ce substitué par un cation M et $V_o^{\cdot\cdot}$ une lacune d'oxygène. Le dopage par des éléments de valence supérieure à +4 comme le niobium par exemple (valence +5) entraîne un déficit de charge négative dans la maille de cérine, ce qui provoque une compensation électronique et donc une augmentation de la conductivité électronique.

Le principal intérêt des matériaux dopés à base de cérine est qu'ils présentent des conductivités ioniques supérieures à YSZ pour des températures inférieures comme le montre la Figure 1-14. La limite basse de conductivité recherchée ($\sigma = 10^{-2}$ S.cm^{-1}) est atteinte dès 500°C pour la cérine dopée par 10% de gadolinium alors qu'une température de 700°C est nécessaire pour YSZ. Cette observation va permettre d'envisager l'abaissement de la température de fonctionnement des PAC-SOFC.

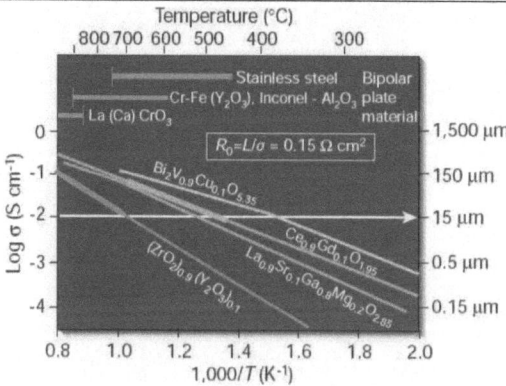

Figure 1-14 : Evolution de la conductivité ionique en fonction de la température pour différents électrolytes. D'après *Steele et al* [10]

Le principal matériau à base de cérine étudié aujourd'hui est $Ce_{0.9}Gd_{0.1}O_{2-\delta}$: GDC [4, 47, 48].

A noter que le matériau $Bi_2V_{0.9}Cu_{0.1}O_{5.35}$ présente des valeurs de conductivité ionique supérieures à GDC et YSZ mais sa stabilité est médiocre en milieu réducteur et son utilisation n'est donc pas adaptée pour une application PAC-SOFC.

La cérine dopée semble donc être un matériau prometteur en remplacement de la zircone yttriée à la fois en tant que matériau d'électrolyte et composant d'un cermet pour l'anode. Cependant, il convient de choisir judicieusement l'atmosphère et la température de fonctionnement de la pile afin d'éviter que la conductivité électrique ne devienne trop importante (dans le cas de l'électrolyte) et ne provoque une chute de la fem (Figure 1-15). Un exemple des évolutions des conductivités ionique et électrique pour GDC 10% sous une atmosphère de 10% H_2 + 2.3% H_2O est donné Figure 1-16. On se rend compte que pour une température d'environ 550°C, la conductivité électrique devient prédominante et que donc l'utilisation de la céramique GDC 10% en tant qu'électrolyte n'est plus adaptée.

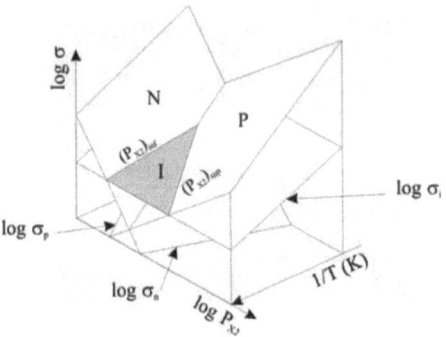

Figure 1-15 : Evolution des conductivités ionique et électronique en fonction de la température et de la pression partielle en oxygène pour un oxyde mixte de type M_2O_3. P, N, I : Domaines de conduction majoritaire par trous d'électrons, électrons et ions O^{2-} respectivement. D'après *Déportes et al.*

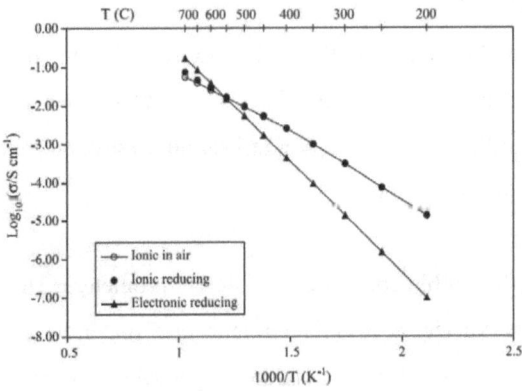

Figure 1-16 : Evolution des conductivités ionique et électronique pour GDC 10% en fonction de la température sous l'atmosphère réductrice 10% H_2 + 2.3% H_2O. D'après *Kharton et al.* [49]

III.3 Reformage de CH_4 et catalyseurs associés

Le reformage d'hydrocarbures est une étape essentielle dans le fonctionnement des piles SC-SOFC. En effet, de la production de gaz de synthèse (H_2 et CO) pouvant être oxydés électrochimiquement à l'anode dépendra le rendement énergétique du système.

La conversion des hydrocarbures en condition monochambre, c'est-à-dire en présence de CH_4, O_2, H_2O et CO_2, peut être réalisée à travers différentes réactions chimiques et électrochimiques :

- L'oxydation totale du méthane par l'oxygène de l'air:

$$CH_4 + 2O_2 \Rightarrow CO_2 + 2H_2O \quad \Delta H = -798 \text{ kJ/mol} \quad (1-9)$$

Cette réaction est très exothermique, génère du CO_2 mais pas d'hydrogène. Elle est donc à éviter pour l'application SOFC.

- L'oxydation partielle du méthane, très légèrement exothermique qui produit les deux gaz de synthèse recherchés :

$$CH_4 + \tfrac{1}{2} O_2 \Rightarrow CO + 2H_2 \quad \Delta H = -58 \text{ kJ/mol} \quad (1-10)$$

- Le craquage du méthane

$$CH_4 \Rightarrow C + 2H_2 \quad \Delta H = 75 \text{ kJ/mol} \quad (1-11)$$

- La présence d'eau et / ou de dioxyde de carbone dans le flux injecté peut également être envisagé ou bien provenir de l'oxydation totale du combustible ce qui implique les réactions de steam et dry reforming :

$$CH_4 + H_2O \Rightarrow CO + 3H_2 \quad \Delta H = 206 \text{ kJ/mol} \quad (1-12)$$
$$CH_4 + CO_2 \Rightarrow 2 CO + 2H_2 \quad \Delta H = 261 \text{ kJ/mol} \quad (1-13)$$

Ces 2 réactions sont généralement suivies de la réaction du Water Gas Shift (WGS) :

$$CO + H_2O \Leftrightarrow CO_2 + H_2 \quad \Delta H = -41 \text{ kJ/mol} \quad (1-14)$$

Ces différentes réactions permettent d'obtenir des ratios H_2/CO variables adaptés à des applications spécifiques. Concernant les PAC, il est évident que les réactions de craquage et de steam reforming possèdent le rendement en hydrogène le plus intéressant.

Il faut également prendre en compte les différentes réactions d'oxydation électrochimiques pouvant intervenir:

Les oxydations électrochimiques totale et partielle du méthane :

$$CH_4 + 4O^{2-} \Rightarrow CO_2 + 2H_2O + 8e^- \quad (1-15)$$
$$CH_4 + O^{2-} \Rightarrow CO + 2H_2 + 2e^- \quad (1-16)$$

L'oxydation électrochimique totale qui fait intervenir 8 électrons semble difficilement réalisable. De plus, ces deux réactions possèdent des cinétiques très lentes et ne sont donc catalytiquement pas viables pour une production suffisante d'hydrogène.

Les catalyseurs commerciaux de reformage sont généralement des matériaux dits « supportés », c'est-à-dire constitués de deux éléments : un support et un métal. La compréhension des effets catalytiques du métal, du support et l'interaction entre ses deux constituants du catalyseur mérite une attention particulière.

-   Le support

Les supports les plus souvent employés sont l'alumine α, l'oxyde de magnésium, l'alumine spinelle ou la zircone. La cérine semble aujourd'hui être devenu un matériau incontournable en tant que support de catalyseur. Sa capacité à stocker (sous atmosphère oxydante) ou relâcher l'oxygène (sous atmosphère réductrice) associée à ses propriétés redox lui confère un rôle particulier dans de nombreuses réactions d'oxydation.

Compte tenu de la température élevée de réaction, les catalyseurs doivent être thermiquement et mécaniquement stables et la désactivation due au dépôt de coke limitée. De nombreuses études ont montré que le support a une influence particulière sur l'activité et que la stabilité du catalyseur peut être améliorée en le dopant par la cérine. Ainsi, *Pantu et al* [50] ont mis en évidence des conversions de méthane doublées et des sélectivités en hydrogène supérieures à 90% sur un catalyseur Pt/CeO_2 en comparaison à Pt/Al_2O_3 pour des températures comprises entre 400 et 600°C. Ce résultat est expliqué par la participation de la maille d'oxygène provenant du support dans les réactions d'oxydation. L'addition de dopants dans le support, notamment des oxydes de terres rares et la cérine, permet d'accroître la stabilité du catalyseur [51, 52] et éviter les phénomènes de frittage. Il a été également montré que cette amélioration est obtenue uniquement si la cérine est ajoutée en tant que solution solide ou bien si elle forme une solution solide avec le support [53]. Il est intéressant de noter que la cérine non imprégnée possède une activité catalytique à partir de 650°C.

- Le métal

Le métal est le composant qui confère l'activité au catalyseur. La quantité de métal est généralement comprise entre 1 et 5% en poids par rapport au support.
Les métaux nobles sont souvent utilisés mais leur coût reste un frein à leur utilisation. Parmi les plus étudiés, on note le platine (Pt), le palladium (Pd) et le rhodium (Rh). D'autres métaux non nobles tels que le nickel, le

cuivre, le fer ou le cobalt ont également été étudiés pour l'oxydation des hydrocarbures.

Au et al. ont étudié théoriquement l'évolution de l'énergie d'activation des réactions de craquage et de dissociation du méthane (CH$_4$ ➜ CH$_3$* + H*) pour la formation de gaz de synthèse sur de nombreux métaux (Ru, Os, Rh, Ir, Pd, Pt, Cu, Ag, Au) [54]. Ils ont montré que le rhodium est le métal qui favorise le plus le craquage du méthane alors que l'argent est le moins actif. La dissociation du méthane est peu dépendante du métal.

Torniainen et al ont mis en évidence des variations de l'activité catalytique pour quatre métaux différents supportés sur alumine [55]. La Figure 1-17 montre l'évolution de la conversion en méthane et sélectivité en hydrogène en fonction du ratio CH$_4$/O$_2$. Le rhodium est le métal permettant d'obtenir à la fois une conversion et une sélectivité élevées. Malheureusement son prix reste trop important pour une utilisation à grande échelle. Le nickel semble intéressant avec des conversions parmi les plus importantes et un rendement en hydrogène toujours supérieure à 90%. Cela s'explique par l'habilité bien établie du nickel à craquer le méthane (réaction 1-11).

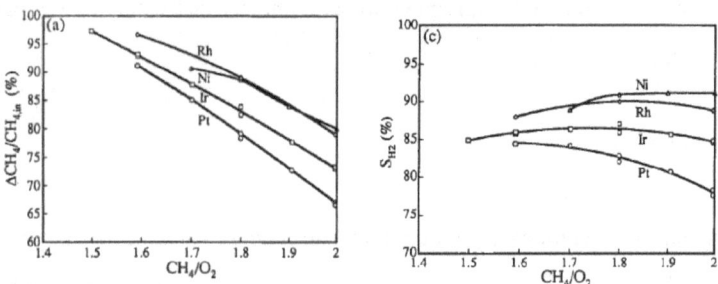

Figure 1-17 : Evolution de la conversion en méthane et de la sélectivité en hydrogène en fonction du ratio CH$_4$/O$_2$ pour différents métaux supportés sur alumine à T=300°C

- L'interaction métal-support

Toutes les études concernant l'oxydation d'hydrocarbures avec des catalyseurs métal-support à base de cérine mettent en évidence que l'interaction entre le métal et le support joue un rôle prédominant.

Ces interactions ont été mise en évidence par différentes techniques de caractérisation : infrarouge en transmission [56], spectroscopie Raman etc. Ces interactions sont généralement désignées comme des espèces M-O-Ce avec M un cation métallique et Ce un cation du support. La participation des ions oxygène du support est largement reconnue et la stabilisation du métal dans son degré d'oxydation le plus haut [56] par la cérine permet une meilleure interaction O-M-O-Ce [57].

Ainsi, la réaction de reformage du méthane sur des catalyseurs à base de cérine peut suivre différents chemins réactionnels selon le métal employé. Des travaux menés à l'IRCELyon sur la réaction de dissociation du méthane en absence d'oxygène sur un catalyseur Pt/CeO_2 ont mis en évidence l'oxydation d'espèces CHx (par décomposition du méthane sur le platine) par les oxygènes du support et les formations préférentielles de formiates ($HCCO^-$) et de carbonates (CO_3^{2-}) [58].

III.4 Etat de l'art des piles IT-SC-SOFC

La recherche pour le développement des piles SOFC en condition monochambre a permis depuis 1995 un développement important des matériaux d'électrodes.

III.5 Nouveaux matériaux d'électrodes

III.5.1 Anode

Comme il a été énoncé au § II.6, le composite Ni-YSZ n'est pas adapté pour la configuration IT-SC-SOFC car la conductivité ionique de YSZ est trop faible dans la gamme de température considérée et le cermet Ni-YSZ trop sensible au dépôt de carbone.

La cérine dopée présentée précédemment apparaît comme un bon substituant à la zircone yttriée pour la conduction ionique au sein de l'anode. Le choix de la cérine dopée par 10% de gadolinium ($CeO_2 - 10\%$ Gd_2O_3 notée GDC) ou 10% de samarium ($CeO_2 - 10\%$ Sm_2O_3 notée SDC) semble être judicieux d'après les études décrites par *Faber et al* et *Eguchi et al*. et comme le confirme leur utilisation (Tableau 1-3).

Une famille de matériaux appelée LAMOX ($La_2Mo_2O_9$) fait depuis quelques années l'objet d'études approfondies notamment par *Lacorre et al.* [59]. Ce matériau qui possède une transition de phase à 580°C, passant d'un système monoclinique à un système cubique, présente une conductivité majoritairement ionique équivalente voire supérieure à la zircone yttriée à haute température (Figure 1-18). L'introduction d'un dopant supprime cette transition de phase et permet d'obtenir un matériau cristallisé dans le système cubique ayant ainsi une conductivité ionique intéressante pour les basses températures. Particulièrement, des études de stabilité ont montré que des LAMOX dopés au tungstène pouvaient être stables en milieu réducteur ou être réduit en fonction de la quantité de dopant dans la maille et de la température [60, 61]. Cette polyvalence suggère une utilisation possible en tant qu'électrolyte ou matériaux d'anode dans une configuration monochambre. Néanmoins, une étude plus approfondie de ces matériaux, notamment au niveau catalytique, semble nécessaire dans l'optique d'une utilisation dans un système SOFC.

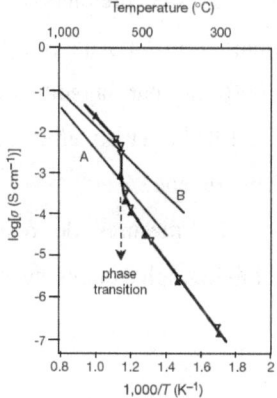

Figure 1-18 : Diagrammes d'Arrhénius de la conductivité ionique relative à $La_2Mo_2O_9$ (triangles) et de deux zircones stabilisées : A $= (ZrO_2)_{0.87}(CaO)_{0.13}$ et B $= (ZrO_2)_{0.9}(Y_2O_3)_{0.1}$. D'après *Lacorre et al.* [59]

III.5.1.1 Caractérisation électrique

Dans la configuration SOFC « conventionnelle », la chute ohmique anodique (ou résistance de polarisation exprimée en $\Omega.cm^2$) est fonction des transferts de charge (électrons et ions oxygène) et des transferts de masse (diffusion de H_2 et H_2O dans les pores). En condition monochambre, cette résistance de polarisation devient généralement le facteur limitant du système global. En effet, aux deux limitations précédemment énoncées, il convient de prendre en compte une résistance additionnelle associée à la présence de l'hydrocarbure et à sa conversion en gaz de synthèse, fortement dépendante de l'activité catalytique anodique.

La résistance de polarisation d'une anode peut être déterminée par spectroscopie d'impédance complexe (EIS) [62] (Chapitre 2 § IV). De nombreuses études présentent la caractérisation d'anode par EIS mais il s'agit majoritairement d'études portant sur des anodes conventionnelles Ni-YSZ dans la gamme de température 800-1000°C et sous hydrogène. *Primdahl et al.* [63] fut l'un des premiers à mettre en évidence les différents processus limitant (transferts de charge et de masse) par EIS alors que *Jiang et al.* [64] ont par la suite démontré des résistances inférieures à 0.5 Ω.cm² à 1000°C et un effet bénéfique de l'eau sur la réaction d'oxydation de l'hydrogène.

La Figure 1-19 regroupe les mesures de résistances de polarisation significatives issues de la bibliographie et obtenues sous hydrogène.

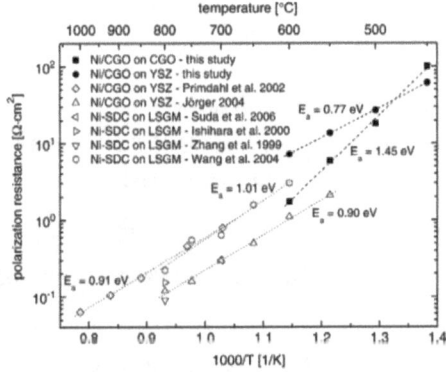

Figure 1-19 : Diagrammes d'Arrhénius de la résistance de polarisation d'une anode Ni-GDC (60%-40%) sur différents électrolytes et sous hydrogène. D'après *Muecke et al.* [65]

On note l'influence non négligeable du matériau d'électrolyte sur les valeurs de résistance de polarisation ainsi que sur l'énergie d'activation associée. Par ailleurs, même pour un empilement identique, les valeurs peuvent présenter un écart assez important (*Primdhal et al 2002* et *Jörger 2004*). Cette différence est attribuée à la méthode de préparation, à la morphologie des poudres, à l'épaisseur ou bien encore la morphologie de la couche anodique.

L'étude électrique d'une anode à base de nickel et de cérine en présence d'hydrocarbure et pour des températures intermédiaires est aujourd'hui très peu détaillée dans la littérature. En effet, la plupart des études sont réalisées pour des températures supérieures ou égales à 800°C ce qui correspond finalement à la gamme étudiée avec la zircone yttriée. La majorité des études électriques faisant intervenir la cérine dans la gamme de températures intermédiaires décrivent des tests sur des cellules complètes anode / électrolyte / cathode testées en condition réalistes et où il est souvent difficile de séparer les contributions des deux électrodes. D'une façon générale, la résistance globale du système est obtenue et recalculer la contribution anodique implique l'utilisation de méthodes de calcul assez lourdes comme par exemple la simulation Monte Carlo [66].

Babaei et al. [67] ont étudié la réponse unique d'une anode Ni-GDC imprégnée de palladium sous une atmosphère CH$_4$ / H$_2$O à 700°C. Ils ont démontré un effet bénéfique du palladium pour la diminution de la résistance de polarisation et un manque de stabilité dans le temps du à un dépôt de carbone sur la surface de l'anode (Figure 1-20). Aucun test en présence d'oxygène assimilable à la configuration monochambre n'est présenté.

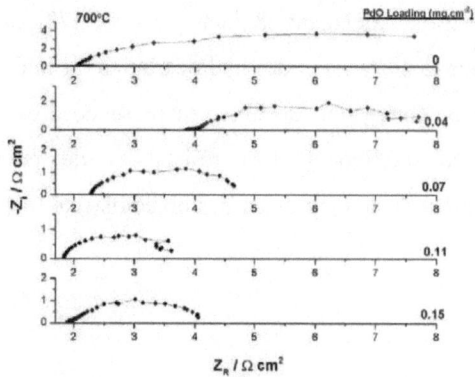

Figure 1-20 : Spectres d'impédance complexe d'une anode Ni-GDC imprégnée ou non de palladium, sous l'atmosphère CH$_4$: H$_2$O (97 :3) à 700°C. D'après *Babaei et al.* [67]

Ces commentaires montrent que l'étude spécifique des matériaux d'anode dans la gamme des températures intermédiaires et sous atmosphère monochambre mérite d'être approfondie.

III.5.2 Cathode

La cathode est un autre obstacle à la réduction de la température dans les piles SOFC. En effet, les matériaux traditionnels présentent des activités électrochimiques très modestes pour la réduction de l'oxygène dans la gamme de température visée, ce qui se traduit par une résistance de polarisation élevée.

Par ailleurs, la perovskite LSM largement utilisée dans les piles SOFC conventionnelles est ici inadaptée. Ce matériau est apprécié pour ses performances catalytiques envers la combustion du méthane [68, 69] où il peut présenter des conversions équivalentes à un catalyseur Pt/Al_2O_3 [70].

La perovskite BSCF ($Ba_{0.5}Sr_{0.5}Co_{0.8}Fe_{0.2}O_{3-\delta}$) est un des matériaux les plus étudiés notamment par *Shao et al.* Il présente une diffusivité en oxygène intéressante dans la gamme de température intermédiaire [71] et une conductivité électrique atteignant 28 S.cm^{-1} à 500°C [72]. Sa faible activité catalytique envers la conversion des hydrocarbures est intéressante jusqu'à 550°C ($\approx$ 10% de conversion de C_3H_8 en présence d'oxygène dans des conditions stoechiométriques). Les résistances de polarisation ainsi associées permettent de se rapprocher des objectifs fixés dans le cahier des charges (§ II.5.3) :

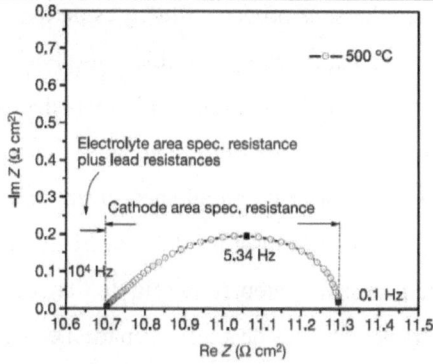

Figure 1-21 : Spectre d'impédance complexe relatif à la pérovskite BSCF mesuré à partir d'un empilement symétrique cathode/électrolyte/cathode avec un électrolyte SDC et un montage à deux électrodes. ASR : Area Specific Resistance = 0.6 Ω.cm² à 500°C. D'après *Shao et al* [71]

Certains points négatifs sont à souligner concernant BSCF, notamment la mise en évidence par *Li et al* [73] de la possible réactivité avec les matériaux d'électrolyte qui se traduit par la diffusion de cations Sm^{3+} ou Gd^{3+} au sein de la structure perovskite. Par ailleurs, il a été montré que la présence de CO_2 mène à la formation de carbonates et la dégradation de la cathode pour des températures d'environ 300°C [74].

Les matériaux perovskite à base de cobalt présentent de hautes conductivités ioniques et des concentrations en lacune d'oxygène importantes [75, 76]. Parmi les cobaltites ($LaCoO_{3-\delta}$), la composition $La_{0.4}Sr_{0.6}Co_{0.2}Fe_{0.8}O_{3-\delta}$ (LSCF) a montré une résistance de polarisation d'environ 0.6 Ω.cm² à 600°C lorsqu'elle est mélangée avec 30% de SDC.

La cobaltite de samarium dopée au strontium $Sm_{0.5}Sr_{0.5}CoO_{3-\delta}$ (SSC) présente l'avantage d'être compatible chimiquement et physiquement avec un électrolyte à base de cérine.

La stabilité de ce matériau semble être très dépendante du combustible utilisé. Ainsi *Song et al* [77] a mis en évidence une destruction de la perovskite en présence d'hydrogène et d'autres recherches ont démontré une dégradation partielle sous propane dilué. Les perovskites contenant du fer ou du cobalt ne sont par ailleurs pas stable sous de très faibles pressions partielles d'oxygène [78] ce qui pourrait expliquer la dégradation croissante lorsque la réductibilité augmente. Ainsi, comme l'a démontré *Hibino et al* [79], il est possible de réaliser un empilement ayant pour cathode SSC et fonctionnant sous éthane. L'utilisation d'un hydrocarbure plus réducteur comme le méthane nécessite d'ajouter au sein de l'anode un catalyseur qui permette d'accroître le gradient de pression partielle d'oxygène entre les deux électrodes [80, 81].

D'autres matériaux font également l'objet d'études approfondies. Les perovskites à structure dite « Brownmillerite » semblent être particulièrement intéressantes. En effet, ces matériaux de structure $A_2B_2O_{5+\delta}$ présentent des couches de lacunes d'oxygène ordonnées, contrairement à une perovskite classique où les lacunes sont aléatoirement distribuées au sein du réseau (Figure 1-22). Cette caractéristique permet un mouvement ionique nécessitant moins d'énergie et donc une conductivité ionique améliorée. Cette diffusion d'oxygène peut notamment être modulée en dopant les sites A par des lanthanides [82].

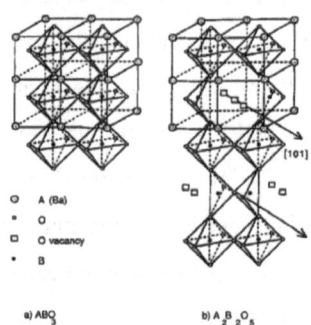

Figure 1-22 : Mise en évidence des différences de structure cristalline entre la structure perovskite ABO_3 (**a**) et Brownmillerite $A_2B_2O_5$ (**b**). D'après *Zhang et al* [83]

Parmi les compositions les plus étudiées, on trouve $PrBaCo_2O_{5+\delta}$ (PBCO) et $GdBaCo_2O_{5+\delta}$ (GBCO).

Kim et al [84] ont mis en évidence une nette amélioration de la conductivité électronique et des coefficients de diffusion d'oxygène très supérieurs pour PBCO en comparaison avec une perovskite « désordonnée ». *Chang et al* [85] ont démontré une résistance de polarisation de 0.53 $\Omega.cm^2$ à 645°C sous air pour GBCO alors que *Tarancón et al* [86] ont caractérisé ce matériau et mis en évidence une excellente stabilité thermique (1.4% de perte de masse à 1000°C) et une conductivité électrique proche de 1000 $S.cm^{-1}$ dès 480°C. Le même groupe a démontré que pour des températures supérieures à 1000°C, il est possible que des cations provenant de l'électrolyte diffusent au sein de la perovskite [87].

Ces observations font des matériaux à structure Brownmillerite des candidats potentiels en tant que cathode mais la réactivité possible à haute température avec le matériau d'électrolyte peut devenir un facteur limitant. De plus, aucune donnée sur l'activité catalytique et la stabilité en condition monochambre, c'est-à-dire en présence d'eau et de dioxyde de carbone, n'est fournie dans la littérature.

En réalisant des empilements élémentaires et en les testant en condition réaliste, certains groupes ont mis en évidence la faisabilité du système SOFC en condition monochambre. Le Tableau 1-3 qui se veut non exhaustif regroupe les caractéristiques et performances des principaux empilements testés en condition monochambre à température intermédiaire.

Tableau 1-3 : Caractéristiques et performances des principaux empilements testés en condition IT-SC-SOFC

Anode	Electrolyte	Cathode	Electrolyte (mm)	Température (°C)	Fuel	OCV* (mV)	Densité de puissance maximum (mW.cm^{-2})	Réf
Ni-SDC	SDC	SSC[1]	0.15	500	C_2H_6	900	403	[79]
Ni-SDC	SDC	SSC	2	500	C_2H_6	800	75	[88]
Ni-SDC	SDC	SSC	0.15	300	C_4H_{10}	800	38	[89]
Ni-GDC	GDC	LSM	0.8	620	C_3H_8	750	20	[90]
Ni-SDC	SDC	LSCF[2]-SDC	0.5	650	C_3H_8	780	210	[91]
Ni-SDC	SDC	BSCF[3]-SDC	0.02	500	C_3H_8	700	440	[71]
Ni-SDC	SDC	BSCF-SDC	0.02	650	CH_4	710	760	[92]
Ni-SDC + Ru	GDC	SSC	0.02	200	C_4H_{10}	900	44	[93]
Ni-SDC + Pd	SDC	SSC	0.15	550	CH_4	800	644	[81]
Ni-SDC + Ru/CeO$_2$	SDC	BSCF-SDC	0.29	500	C_3H_8	700	247	[94]
Ni-SDC + Pd/CeO$_2$	GDC	SSC	0.5	600	CH_4	680	468	[80]

*OCV : Open Circuit Voltage : Tension entre l'anode et la cathode lorsque aucun courant n'est débité de la pile, aussi appelée tension à vide

Théoriquement, OCV=1.23V avec l'hydrogène et l'oxygène comme combustible et comburant à 800°C.

[1] SSC : $Sm_{(1-x)}Sr_xCoO_{3-\delta}$

[2] LSCF : $La_{0.8}Sr_{0.2}Co_{0.2}Fe_{0.8}O_{3-\delta}$

[3] BSCF: $Ba_{0.5}Sr_{0.5}Co_{0.8}Fe_{0.2}O_{3-\delta}$

Ce tableau met clairement en évidence que les performances de la pile dépendent à la fois des matériaux d'électrodes et des conditions expérimentales (température, combustible utilisé, débit de gaz etc). Bien qu'il soit compliqué de comparer tous ces résultats entre eux, plusieurs tendances semblent claires :

- Le matériau LSCF utilisé en tant qu'élément de cathode par *Suzuki et al* [91] n'est pas adapté. Son activité catalytique envers la conversion des hydrocarbures est trop importante et le matériau d'électrolyte SDC doit être ajouté en proportion importante afin de diminuer le nombre de sites catalytiques et augmenter la réduction d'oxygène.

- Une température de fonctionnement inférieure à 300°C ne semble pas envisageable compte tenu des faibles densités de puissance obtenues par *Tomita et al* [93]. Ces résultats s'expliquent par la faible conversion des hydrocarbures pour des températures si basses.

- L'utilisation de LSM en tant que matériau de cathode n'est pas adaptée de par une activité catalytique importante pour la conversion d'hydrocarbures [90].

L'ajout d'un catalyseur au sein de l'anode pour la conversion des hydrocarbures semble inévitable pour l'amélioration de l'activité catalytique et de l'efficacité du système.

Ce catalyseur est en général un métal noble supporté ou non comme présenté au paragraphe III.2. Différents groupes ont étudié l'influence de l'ajout d'un catalyseur au sein de l'anode. Ainsi *Tomita et al* [93] ont montré que l'addition de 1% en poids de ruthénium à partir de RuO_2 lors de la préparation de l'anode par mélange de poudre a permis de multiplier par un facteur 3 la production d'hydrogène et d'abaisser la chute ohmique globale pour une température très faible ($\approx$ 300°C). *Hibino et al* [81] ont démontré une optimisation de la résistance de polarisation pour un pourcentage de Pd de 7% en poids alors que l'ajout de platine, rhodium ou ruthénium n'a que très peu d'influence.

Shao et al [94] ont montré que le dépôt d'une couche poreuse de 10 µm de catalyseur Ru/CeO_2 (à 7% en masse de ruthénium) en surface de l'anode est tout à fait bénéfique. Ce catalyseur permet d'obtenir la même quantité de gaz de synthèse que sans catalyseur mais pour une température inférieure d'environ 300°C. Ainsi, la production d'hydrogène possible à 350°C avec la présence du catalyseur Ru/CeO_2 n'est possible qu'à partir de 650°C dans le cas d'une anode uniquement constituée d'un cermet Ni-SDC (Figure 1-23).

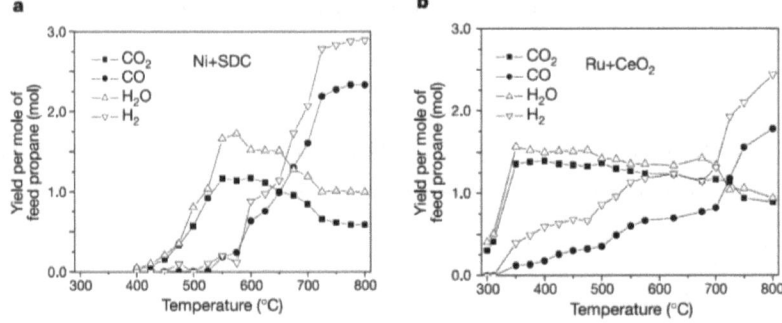

Figure 1-23 : Evolution des rendements des produits d'oxydation en fonction de la température pour une cellule SOFC composée d'une anode Ni-SDC (**a**) et d'une anode Ni-SDC+ catalyseur Ru/CeO₂ (**b**) testée sous propane

Buergler et al [80] ont également mis en évidence une diminution de la chute ohmique par l'ajout d'un catalyseur Pd/CeO₂ (à 5% en masse de Pd) dans l'anode par screen printing. Cependant, il n'est pas précisé si le catalyseur se trouve en surface de l'anode ou bien dans les porosités.

Ces résultats démontrent que l'insertion d'un catalyseur de reformage à l'anode est indispensable. Ils mettent également en évidence que l'amélioration du rendement énergétique passe par une optimisation du catalyseur concernant :

- La composition (métal supporté ou non, nature et teneur en métal, composition du support),
- La morphologie (surface spécifique, porosité),
- La méthode de dépôt (imprégnation, insertion initiale avec le cermet..).

Cette revue bibliographique a montré que le système de pile à combustible est un moyen de production d'énergie qui possède de nombreux avantages mais qui nécessitent aujourd'hui certaines améliorations notoires afin de promouvoir son développement à échelle industrielle. Le concept IT-SC-SOFC semble être particulièrement intéressant mais nécessite un important travail de recherche.

IV. Contexte & objectifs de la thèse

Ce travail a été financé conjointement par l'ADEME (Agence de l'Environnement et de la Maîtrise de l'Energie) et la Région Bourgogne. Il s'inscrit dans le cadre du projet PréPac (Contrat ADEME-CNRS n°06-74-C0076). Ce projet fait intervenir 6 partenaires industriels et universitaires : les laboratoires IRCELyon-CNRS de Villeurbanne, l'ICB-CNRS de Dijon, le CIRIMAT-Université Paul Sabatier de Toulouse, le LGC de Toulouse, LIEBHERR-AEROSPACE Toulouse S.A.S et EIfER-EDF de Karlsruhe en Allemagne.

L'objectif principal du projet est de développer et valider le couplage d'une pile à combustible SOFC optimisée en terme de matériaux et d'un pré-reformeur catalytique miniaturisé, à faible coût, faible encombrement et à haut rendement.

Les travaux de thèse présentés dans ce mémoire correspondent en partie à une tâche du projet qui vise à synthétiser et caractériser de nouveaux matériaux d'anode. Dans l'intitulé du projet PréPac, le compartiment anodique de la pile est soumis à un flux issu d'un pré-reformeur alimenté en propane (C_3H_8). Le cahier des charges prévoit une atmosphère constituée d'eau, de dioxyde de carbone, de gaz de synthèse (H_2 et CO) et de méthane issu du reformage du propane (et éventuellement de l'oxygène). Cette composition gazeuse peut également être assimilée à un **flux de condition monochambre**. En effet, on peut envisager qu'une pile soit alimentée par un mélange méthane / oxygène et que les gaz de synthèse soient créés durant les différentes réactions. L'eau et le dioxyde de carbone sont également produits lors des réactions et/ou peuvent également être injectés avec méthane pour favoriser les steam et dry reforming. On peut également comparer ce flux à un **biogaz**, constitué de méthane, d'eau et de dioxyde de carbone dans des proportions variables. C'est dans l'optique d'une configuration monochambre que les expériences seront menées et les résultats discutés tout au long de ce mémoire.

L'étude bibliographique a mis en avant les défis à relever pour permettre le développement des piles SOFC en configuration monochambre.

Du côté anodique, la présence d'un catalyseur de reformage d'hydrocarbures semble inévitable et la problématique de son insertion dans l'empilement n'a pas été résolue par les différents travaux présentés dans la littérature. Ainsi, dans une première partie, on se propose d'élaborer, de caractériser et de tester catalytiquement une librairie de 15 catalyseurs supportés. L'objectif est d'identifier les catalyseurs actifs pour la conversion du méthane et sélectifs pour les gaz de synthèse. L'influence de la composition (présence de méthane, d'oxygène, d'eau et de dioxyde de carbone) du flux réactionnel sur les performances catalytiques sera détaillée. Cette étude réalisée en régime stationnaire couplée à des mesures transitoires visera à mieux comprendre les mécanismes réactionnels mis en jeu.

La dernière étape de l'étude de ces matériaux anodiques porte sur l'étude électrocatalytique d'une cellule symétrique anode / électrolyte / anode en condition monochambre par spectroscopie d'impédance complexe couplée à la chromatographie en phase gazeuse. Une architecture anodique innovante comprenant un catalyseur sera proposée et évaluée électrocatalytiquement de façon similaire aux tests catalytiques, c'est-à-dire tout d'abord en présence de méthane et d'oxygène puis en présence d'eau et de dioxyde de carbone. Le caractère innovant de ce travail réside dans le couplage des deux méthodes d'analyse.

L'étude bibliographique a également démontré que le matériau de cathode doit satisfaire à de nouveaux critères et qu'aucun des matériaux jusque là étudiés dans la littérature ne présente toutes les caractéristiques requises. Dans la seconde partie de ce mémoire, une étude complète sera donc menée sur 7 matériaux cathodiques potentiels. Cette sélection comprendra des matériaux de référence issus de la bibliographie et des matériaux innovants développés au sein du laboratoire IRCELyon. Une première sélection sera faite par l'intermédiaire de tests catalytiques réalisés en condition monochambre : seuls les matériaux satisfaisants aux critères catalytiques cathodiques (réactivité la plus faible possible pour l'activation et la conversion des hydrocarbures) seront choisis. Là encore, l'influence de l'eau et du dioxyde de carbone seront mises en évidence et discutées. Diverses caractérisations (mesures électriques, réactivité des poudres à haute température avec le matériau d'électrolyte, stabilité thermique etc) seront ensuite réalisées. Une comparaison des caractéristiques obtenues avec le cahier des charges précédemment détaillé sera donnée et le matériau le plus adéquat à une utilisation en tant que cathode proposé.

V. Références bibliographiques

[1] S.C. Singhal, Solid State Ionics, 152-153 (2002) 405.

[2] N. Minako, S. Taro, S. Soichiro, H. Yoshihiro, M. Naoki and S. Yoshio, J. Amer. Ceram. Soc., Vol. 92, 2009, p. S117.

[3] M.C. Steil, F. Thevenot and M. Kleitz, J. Electrochem. Soc., 144 (1997) 390.

[4] C. Xia and M. Liu, Solid State Ionics, 144 (2001) 249.

[5] X. Zhang, S. Ohara, R. Maric, K. Mukai, T. Fukui, H. Yoshida, M. Nishimura, T. Inagaki and K. Miura, J. Power Sources, 83 (1999) 170.

[6] Y. Zhang, X. Huang, Z. Lu, Z. Liu, X. Ge, J. Xu, X. Xin, X. Sha and W. Su, J. Power Sources, 160 (2006) 1065.

[7] J.W. Fergus, J. Power Sources, 162 (2006) 30.

[8] S. D. W and C. W. G, Ionic Conductivity of Cubic Solid Solutions in the System $CaO-Y_2O_3-ZrO_2$, Vol. 47, 1964, p. 122.

[9] J.M. Dixon, L.D. LaGrange, U. Merten, C.F. Miller, J.T. Porter and Ii, J. Electrochem. Soc., 110 (1963) 276.

[10] B.C.H. Steele and A. Heinzel, Nature, 414 (2001) 345.

[11] K. Huang and J.B. Goodenough, Journal of Alloys and Compounds, 303-304 (2000) 454.

[12] T. Setoguchi, K. Okamoto, K. Eguchi and H. Arai, J. Electrochem. Soc., 139 (1992) 2875.

[13] J.B. Goodenough and Y.-H. Huang, J. Power Sources, 173 (2007) 1.

[14] U. Anselmi-Tamburini, G. Chiodelli, M. Arimondi, F. Maglia, G. Spinolo and Z.A. Munir, Solid State Ionics, 110 (1998) 35.

[15] T. Fukui, K. Murata, S. Ohara, H. Abe, M. Naito and K. Nogi, J. Power Sources, 125 (2004) 17.

[16] Y. Li, Y. Xie, J. Gong, Y. Chen and Z. Zhang, Materials Science and Engineering B, 86 (2001) 119.

[17] S.P. R. J. Gorte, J. M. Vohs, C. Wang,, Advanced Materials, 12 (2000) 1465.

[18] S. de Souza, S.J. Visco and L.C. De Jonghe, J. Electrochem. Soc., 144 (1997) L35.

[19] S. Hui and A. Petric, J. Eur. Ceram. Soc., 22 (2002) 1673.

[20] P.R. Slater and J.T.S. Irvine, Solid State Ionics, 124 (1999) 61.

[21] E. Tsipis and V. Kharton, Journal of Solid State Electrochemistry, 12 (2008) 1367.

[22] V.V. Kharton, A.A. Yaremchenko and E.N. Naumovich, Journal of Solid State Electrochemistry, 3 (1999) 303.

[23] S.P. Jiang, X.J. Chen, S.H. Chan, J.T. Kwok and K.A. Khor, Solid State Ionics, 177 (2006) 149.

[24] S. Tao and J.T.S. Irvine, J. Electrochem. Soc., 151 (2004) A252.

[25] V.V. Kharton, E.V. Tsipis, I.P. Marozau, A.P. Viskup, J.R. Frade and J.T.S. Irvine, Solid State Ionics, 178 (2007) 101.
[26] J.C. Ruiz-Morales, J. Canales-Vázquez, D. Marrero-López, J.T.S. Irvine and P. Núñez, Electrochim. Acta, 52 (2007) 7217.
[27] L. Qiu, T. Ichikawa, A. Hirano, N. Imanishi and Y. Takeda, Solid State Ionics, 158 (2003) 55.
[28] K. Yasumoto, Y. Inagaki, M. Shiono and M. Dokiya, Solid State Ionics, 148 (2002) 545.
[29] R. Chiba, F. Yoshimura and Y. Sakurai, Solid State Ionics, 124 (1999) 281.
[30] M. Hrovat, N. Katsarakis, K. Reichmann, S. Bernik, D. Kuscer and J. Holc, Solid State Ionics, 83 (1996) 99.
[31] S.P. Simner, J.P. Shelton, M.D. Anderson and J.W. Stevenson, Solid State Ionics, 161 (2003) 11.
[32] O. Yamamoto, Y. Takeda, R. Kanno and M. Noda, Solid State Ionics, 22 (1987) 241.
[33] Y. Sakaki, Y. Takeda, A. Kato, N. Imanishi, O. Yamamoto, M. Hattori, M. Iio and Y. Esaki, Solid State Ionics, 118 (1999) 187.
[34] R.A. De Souza and J.A. Kilner, Solid State Ionics, 106 (1998) 175.
[35] H.-K. Lee, Mater. Chem. Phys., 77 (2003) 639.
[36] M.J.L. Østergård, C. Clausen, C. Bagger and M. Mogensen, Electrochim. Acta, 40 (1995) 1971.
[37] T. Iwata, J. Electrochem. Soc., 143 (1996) 1521.
[38] D. Simwonis, F. Tietz and D. Stöver, Solid State Ionics, 132 (2000) 241.
[39] T. Takeguchi, Y. Kani, T. Yano, R. Kikuchi, K. Eguchi, K. Tsujimoto, Y. Uchida, A. Ueno, K. Omoshiki and M. Aizawa, J. Power Sources, 112 (2002) 588.
[40] T. Hibino, K. Ushiki, T. Sato and Y. Kuwahara, Solid State Ionics, 81 (1995) 1.
[41] T. Suzuki, P. Jasinski, V. Petrovsky, H.U. Anderson and F. Dogan, J. Electrochem. Soc., 152 (2005) A527.
[42] G. Gadacz, S. Udroiu, J.-P. Viricelle, C. Pijolat and M. Pijolat, J. Electrochem. Soc., 157 (2010) B1180.
[43] M. Mogensen, N.M. Sammes and G.A. Tompsett, Solid State Ionics, 129 (2000) 63.
[44] J.H. Blank, Chemical European Journal, 13 (2007) 5121.
[45] J. Faber, C. Geoffroy, A. Roux, A. Sylvestre and P. Abelard, Appl. Phys. A-Mater. Sci. Process., 49 (1989) 225.
[46] K. Eguchi, T. Setoguchi, T. Inoue and H. Arai, Solid State Ionics, 52 (1992) 165.
[47] D.F. H. Timmermann, A. Weber, E. Ivers-Tiffée, U. Hennings, R. Reimert,, Fuel Cells, 6 (2006) 307.

[48] Mather, (2001).

[49] V.V. Kharton, F.M.B. Marques and A. Atkinson, Solid State Ionics, 174 (2004) 135.

[50] P. Pantu and G.R. Gavalas, Applied Catalysis A: General, 223 (2002) 253.

[51] A.F. Diwell, R.R. Rajaram, H.A. Shaw, T.J. Truex and A. Crucq, Stud. Surf. Sci. Catal., Vol. Volume 71, Elsevier, 1991, p. 139.

[52] H.S. Gandhi, M. Shelef and A.C.a.A. Frennet, Stud. Surf. Sci. Catal., Vol. Volume 30, Elsevier, 1987, p. 199.

[53] H.Y. Wang and E. Ruckenstein, Applied Catalysis A: General, 204 (2000) 143.

[54] C.-T. Au, C.-F. Ng and M.-S. Liao, J. Catal., 185 (1999) 12.

[55] P.M. Torniainen, X. Chu and L.D. Schmidt, J. Catal., 146 (1994) 1.

[56] J.C. Summers and S.A. Ausen, J. Catal., 58 (1979) 131.

[57] J.Z. Shyu and K. Otto, J. Catal., 115 (1989) 16.

[58] E. Odier, Y. Schuurman and C. Mirodatos, Catal. Today, 127 (2007) 230.

[59] P. Lacorre, F. Goutenoire, O. Bohnke, R. Retoux and Y. Laligant, Nature, 404 (2000) 856.

[60] S. Georges, F. Goutenoire, Y. Laligant and P. Lacorre, J. Mater. Chem., 13 (2003) 2317.

[61] D. Marrero-Lopez, J. Canales-Vazquez, J.C. Ruiz-Morales, J.T.S. Irvine and R. Nunez, Electrochim. Acta, 50 (2005) 4385.

[62] N. Wagner, W. Schnurnberger, B. Müller and M. Lang, Electrochim. Acta, 43 (1998) 3785.

[63] S. Primdahl and M. Mogensen, J. Electrochem. Soc., 144 (1997) 3409.

[64] S.P. Jiang and Y. Ramprakash, Solid State Ionics, 122 (1999) 211.

[65] U.P. Muecke, K. Akiba, A. Infortuna, T. Salkus, N.V. Stus and L.J. Gauckler, Solid State Ionics, 178 (2008) 1762.

[66] T.P. Holme, R. Pornprasertsuk and F.B. Prinz, J. Electrochem. Soc., 157 B64.

[67] A. Babaei, S.P. Jiang and J. Li, J. Electrochem. Soc., 156 (2009) B1022.

[68] L. Marchetti and L. Forni, Applied Catalysis B: Environmental, 15 (1998) 179.

[69] S. Ponce, M.A. Peña and J.L.G. Fierro, Applied Catalysis B: Environmental, 24 (2000) 193.

[70] H. Arai, T. Yamada, K. Eguchi and T. Seiyama, Applied Catalysis, 26 (1986) 265.

[71] Z. Shao and S.M. Haile, Nature, 431 (2004) 170.

[72] B. Wei, Z. Lu, S.Y. Li, Y.Q. Liu, K.Y. Liu and W.H. Su, Electrochem. Solid State Lett., 8 (2005) A428.

[73] S. Li, Z. Lü, B. Wei, X. Huang, J. Miao, G. Cao, R. Zhu and W. Su, Journal of Alloys and Compounds, 426 (2006) 408.
[74] E. Bucher, A. Egger, G.B. Caraman and W. Sitte, J. Electrochem. Soc., 155 (2008) B1218.
[75] V. Dusastre and J.A. Kilner, Solid State Ionics, 126 (1999) 163.
[76] B.C.H. Steele, Solid State Ionics, 129 (2000) 95.
[77] H.S. Song, J.-H. Min, J. Kim and J. Moon, J. Power Sources, 191 (2009) 269.
[78] B.A. Boukamp, Nat Mater, 2 (2003) 294.
[79] T. Hibino, A. Hashimoto, T. Inoue, J.-i. Tokuno, S.-i. Yoshida and M. Sano, A Low-Operating-Temperature Solid Oxide Fuel Cell in Hydrocarbon-Air Mixtures, Vol. 288, 2000, p. 2031.
[80] B.E. Buergler, M.E. Siegrist and L.J. Gauckler, Solid State Ionics, 176 (2005) 1717.
[81] T. Hibino, A. Hashimoto, M. Yano, M. Suzuki, S.-i. Yoshida and M. Sano, J. Electrochem. Soc., 149 (2002) A133.
[82] A. Maignan, C. Martin, D. Pelloquin, N. Nguyen and B. Raveau, J. Solid State Chem., 142 (1999) 247.
[83] G.B. Zhang and D.M. Smyth, Solid State Ionics, 82 (1995) 161.
[84] G. Kim, S. Wang, A.J. Jacobson, L. Reimus, P. Brodersen and C.A. Mims, J. Mater. Chem., 17 (2007) 2500.
[85] A. Chang, S.J. Skinner and J.A. Kilner, Solid State Ionics, 177 (2006) 2009.
[86] A. Tarancón, D. Marrero-López, J. Peña-Martínez, J.C. Ruiz-Morales and P. Núñez, Solid State Ionics, 179 (2008) 611.
[87] A. Tarancón, J. Peña-Martínez, D. Marrero-López, A. Morata, J.C. Ruiz-Morales and P. Núñez, Solid State Ionics, 179 (2008) 2372.
[88] T. Hibino, A. Hashimoto, M. Suzuki, M. Yano, S.-i. Yoshida and M. Sano, J. Electrochem. Soc., 149 (2002) A195.
[89] T. Hibino, A. Hashimoto, T. Inoue, J.-i. Tokuno, S.-i. Yoshida and M. Sano, J. Electrochem. Soc., 148 (2001) A544.
[90] J.P. Viricelle, S. Udroiu, G. Gadacz, M. Pijolat and C. Pijolat, Fuel Cells, 10 (2010) 683.
[91] T. Suzuki, P. Jasinski, H.U. Anderson and F. Dogan, J. Electrochem. Soc., 151 (2004) A1678.
[92] Z. Shao, J. Mederos, W.C. Chueh and S.M. Haile, J. Power Sources, 162 (2006) 589.
[93] A. Tomita, D. Hirabayashi, T. Hibino, M. Nagao and M. Sano, Electrochemical and Solid-State Letters, 8 (2005) A63.
[94] Z. Shao, S.M. Haile, J. Ahn, P.D. Ronney, Z. Zhan and S.A. Barnett, Nature, 435 (2005) 795.

Chapitre 2

Méthodes Expérimentales

I. Introduction

Ce chapitre vise à présenter les différentes techniques de caractérisation et bancs de mesures utilisés pour l'étude des catalyseurs anodiques et des matériaux cathodiques. La première partie expose les moyens de caractérisation mis en œuvre. La seconde partie détaille les principes de fonctionnement et modes opératoires relatifs à la catalyse combinatoire et aux mesures de spectroscopie d'impédance électrochimique couplées à l'analyse par chromatographie en phase gazeuse.

II. Méthodes de caractérisation

II.1 Diffraction des rayons X (DRX)

La cristallinité des échantillons a été étudiée par diffractions des rayons X. L'appareil utilisé est un Bruker D5005 travaillant avec la raie $K\alpha$ du cuivre à une longueur d'onde $\lambda = 0.15418$ nm. La plage de mesure 2θ est $2°$- $80°$.

II.2 Analyse chimique élémentaire (ICP-AES)

Le dosage d'élément chimique est réalisé par analyse chimique élémentaire (ICP-AES pour Inductively Coupled Plasma Atomic Emission Spectroscopy)). La méthode consiste, à l'aide d'un plasma, à produire une vapeur atomique et mesurer l'intensité d'émission d'une radiation caractéristique de l'élément à doser. L'appareil est un Activa de la marque Horiba Jobin Yvon.

II.3 Mesure de surface spécifique (BET)

Les mesures de surfaces spécifiques sont calculées par la méthode BET (Brunauer, Emmet, Teller) par physisorption d'azote à 77K. L'appareil utilisé est le modèle ASAP 2020 Micromeritics. Avant chaque analyse, l'échantillon est traité sous une pression de 10^{-2} mbar pendant 3 heures à 300°C afin d'évacuer les espèces adsorbées en surface et dans les porosités.

II.4 Granulométrie laser

La granulométrie laser permet de déterminer la distribution des tailles de particules d'une poudre. L'appareil est un Microtrac s3500. Des analyses sont réalisées sur la poudre brute puis après 80 secondes aux ultrasons (40 Watts) afin de casser les agglomérats.

II.5 Réduction Programmée en Température (TPR)

Des analyses TPR ont été réalisées pour mettre en évidence la réductibilité des catalyseurs anodiques. Le banc de mesure utilisé est composé d'un système d'alimentation de gaz, d'un réacteur en U et d'un spectromètre de masse pour le suivi dans le temps des espèces gazeuses. La Figure 2-1 représente un réacteur en U utilisé pour ces analyses.

Préalablement à toute analyse, 100 mg d'échantillon sont traités sous oxygène (20 mL.min^{-1}) pendant 1 heure à 500°C avec une rampe de montée en température de 5°C par minute afin d'obtenir une poudre à l'état oxydé. L'échantillon est ensuite ramené à la température ambiante avec une rampe de 20°C par minute toujours sous le même flux d'oxygène.

Un flux de 30 mL.min^{-1} à 1% en hydrogène est envoyé sur l'échantillon à température ambiante jusqu'à stabilisation des signaux de H_2, O_2 et H_2O

sur le spectromètre de masse. L'analyse TPR débute alors, la température est augmentée jusqu'à 900°C avec une rampe de 20°C par minute sous le même flux d'hydrogène et les signaux relatifs à H_2, O_2 et H_2O sont suivis en temps réel.

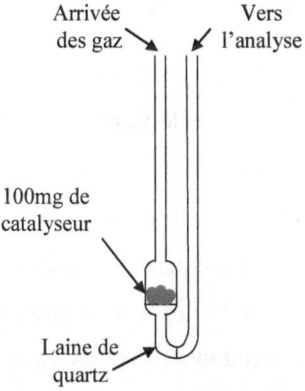

Figure 2-1 : Schéma du réacteur en U utilisé pour les analyses TPR

II.6 Microscopie électronique à balayage (MEB)

L'appareil utilisé est un JEOL 5800 LV couplé à un système d'analyse par spectrométrie à dispersion d'énergie (EDS) à diode Si-Li (PGT) permettant de réaliser des quantifications et distributions géographiques (mapping) d'éléments.

Deux préparations différentes ont été réalisées suivant le type d'échantillon étudié :

- Dans le cas d'une poudre, l'échantillon est déposé sur une pastille autocollante puis métallisé à l'or pendant 2 minutes et 30 secondes. Le courant parcourant la cible d'or pour le dépôt étant fixé à 35μA.
- Dans le cas d'échantillon massif, un moule en résine contenant le matériau est réalisé, séché pendant 24 heures puis poli (taille de

grains du papier jusqu'à 4000). La métallisation s'effectue pendant 1 minute à un courant de 30µA.

Quel que soit le type d'échantillon, l'observation MEB est réalisée à une distance de travail de 12 mm et une tension de 20 kV.

L'acquisition des images ainsi que des spectres EDX est réalisée grâce au logiciel Spirit®.

II.7 Microscopie électronique à transmission (MET)

L'appareil utilisé est un JEOL 2010 possédant un cristal LaB_6. La tension d'analyse est de 200kV. La résolution est comprise entre 0.14 et 0.19 nm. L'imagerie en transmission est utilisée dans cette étude afin de détecter et quantifier les particules métalliques déposées sur un support céramique. Pour cela, la préparation de l'échantillon implique la réalisation d'une réplique, couramment utilisée pour l'observation de catalyseurs supportés. L'échantillon est mis en solution et déposé sur une couche de mica. Un film de carbone est ensuite pulvérisé sur le substrat précédemment formé. L'ensemble est ensuite plongé dans un mélange (eau + acétone + acide fluorhydrique) ce qui permet de dissoudre la couche de mica et le support du catalyseur et de ne garder que le film de carbone et le métal imprégné. La dernière étape consiste à déposer le film de carbone sur une grille pour l'observation. Préalablement à ce traitement, les échantillons sont réduits à 600°C sous hydrogène pendant 1 heure afin de réduire les imprégnations métalliques. Les différentes étapes de préparation sont représentées Figure 2-2.

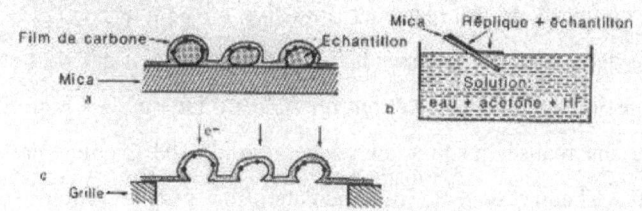

Figure 2-2 : Mode opératoire pour l'obtention d'une réplique pour observation MET

II.8 Analyse thermogravimétrique (ATG/ATD)

Les analyses thermogravimétriques et différentielles thermiques sont enregistrées grâce à une balance thermogravimétrique (Setaram, Setsys Evolution 12, creuset PtRh 10%). Cette méthode de caractérisation a été utilisée pour étudier la stabilité en température des matériaux de cathode. La gamme de température étudiée est 25-750°C sous un débit d'air de 50 mL.min^{-1} avec des rampes de montée et descente en température de 2°C.min^{-1}.

III. Criblage catalytique

Les 15 catalyseurs anodiques choisis ont été testés de façon combinatoire afin de mettre en évidence l'influence de différents paramètres tels que la surface spécifique, la nature du métal imprégné ou encore la nature et la quantité de dopant dans le support à base de cérine.

III.1 Réacteur Switch 16

Le Switch 16 est un système multi-réacteurs développé au sein du laboratoire IRCELyon-CNRS en collaboration avec AMTEC GmbH [1]. Il est un composé de 16 réacteurs à lit-fixe en parallèle (Figure 2-3) et possède deux systèmes indépendants d'alimentation en gaz. Les réacteurs sont constitués d'inconel^{TM} et ont un diamètre interne de 7 mm. Les tests peuvent être réalisés jusqu'à une température de 600°C et une pression de 13 bars. Chaque système d'alimentation de gaz est équipé de cinq débitmètres massiques et d'un mélangeur gaz-vapeur (Bronkhorst) permettant de réaliser des mélanges chargés en vapeur d'eau. Une pompe HPLC (Shimadzu- LC 10 Pump) permet d'approvisionner ce mélangeur en vapeur d'eau. Toutes les connections du montage sont chauffées afin d'éviter une possible condensation de l'eau.

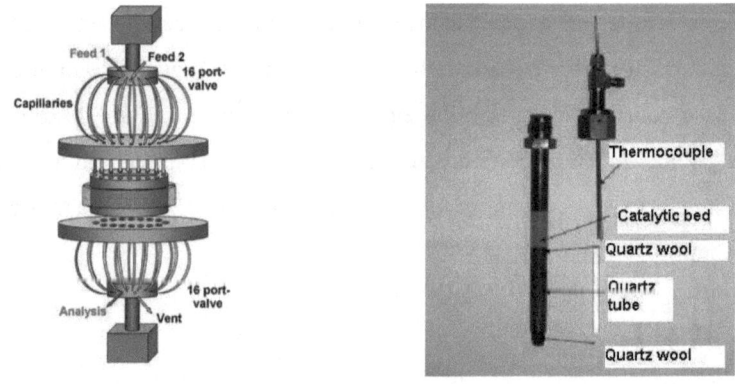

Figure 2-3 : Représentation du réacteur Switch 16 et d'un réacteur lit fixe

Deux vannes 16 voies (notées 16 port-valve) situées en amont et en aval des réacteurs permettent de diriger les deux flux de gaz provenant des deux systèmes d'alimentation. Le mélange noté « Gaz mixture » sur la Figure 2-4 est ainsi envoyé au réacteur à tester puis à l'analyse alors que dans le même temps, les quinze autres réacteurs sont soumis au flux noté « Feed 2 ». Cette distribution des flux est représentée sur la Figure 2-4.

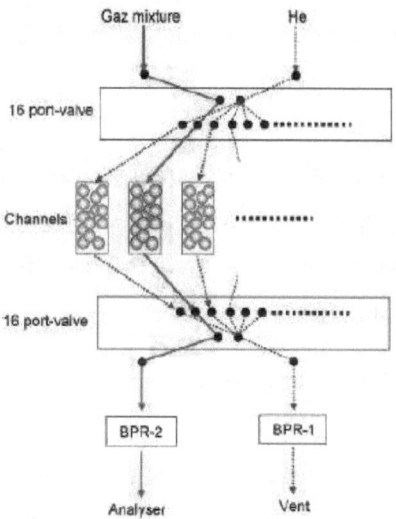

Figure 2-4 : Distribution des flux à travers les 16 réacteurs

La présence des deux vannes multivoies permet de mener des analyses à la fois en régime stationnaire et en régime transitoire.

Deux systèmes d'analyse sont disponibles sur le banc de test :

- Un spectromètre de masse (Inficon-IPC 400) en ligne qui est utilisé pour les analyses transitoire et qui permet de suivre les profils de concentration des différents gaz en fonction du temps.
- Deux chromatographes en phase gaz :
  o F.I.D Flame Ionisation Detector (Agilent 6850) pour la détection des éléments carbonés tels que le méthane et le propane.
  o T.C.D Thermal Conductivity Detector (Agilent 6890) pour la quantification de H_2, CO, CO_2, O_2, CH_4. Ce chromatographe est équipé de deux colonnes ; la première est une PoraPlot U 30m x 0.32 x 10µm suivie d'un tamis moléculaire 5A 30m x

0.32 x 25 µm avec pour gaz vecteur l'argon. La seconde colonne est est une HP-Plot Q 30m x 0.32 x 25 µm avec pour gaz vecteur l'hélium.

Il est à noter qu'un piège froid fonctionnant par Effet Peltier est situé entre les deux chromatographes en phase gaz afin de piéger l'eau produite et/ou injectée. L'eau récupérée étant associée aux 16 réacteurs, aucune quantification de l'eau ne peut être réalisée.

III.2 Mode opératoire

Pour tous les tests menés sur le Switch 16, chaque réacteur est rempli avec 100mg de catalyseur, la plage de température étudiée est 400-600°C, à pression atmosphérique, et tous les flux sont fixés à 50 mL.min^{-1}. Les réacteurs 1 à 15 sont remplis par les catalyseurs et le réacteur 16 reste vide et sert de référence.

Un test catalytique est mené de la manière suivante :

En début de test, les 15 réacteurs contenant les catalyseurs sont soumis à un mélange simulant l'air pour la régénération des échantillons. Le réacteur de référence est soumis au flux réactionnel pendant quelques minutes afin que les différentes consignes de températures et de débits soient atteintes.

Une mesure chromatographique est effectuée sur le réacteur 16 afin de vérifier les proportions du mélange et que le réacteur en lui-même n'est pas actif. Le flux est ensuite dirigé vers le réacteur 1. Une première analyse est réalisée après 12 minutes sous flux puis une seconde après 22 minutes, permettant ainsi de détecter une possible désactivation. Juste après l'injection GC de la seconde analyse du réacteur 1, le mélange réactionnel est envoyé sur le réacteur suivant dont la première analyse sera effectuée après 12 minutes sous flux. Les 15 réacteurs qui ne sont pas analysés sont soumis en permanence au mélange régénératif afin de réoxyder les catalyseurs. Lorsque les 15 catalyseurs sont analysés, la température est augmentée jusqu'au palier suivant et le cycle de mesure recommence.

III.2.1 Analyses stationnaires : catalyseurs d'anode

Les performances des catalyseurs anodiques ont tout d'abord été évaluées en régime stationnaire sous un flux réactionnel $CH_4 : O_2$ dans les proportions (15 :2 = 7.5 : 1 mL.min^{-1}) avec l'argon (41.5 mL.min^{-1}) comme gaz diluant[1]. Ce mélange a été choisi après consultation du diagramme d'inflammabilité présenté dans la partie bibliographique (Chapitre 1 § III.1 Figure 1-11). Les mesures sont réalisées tous les 25°C dans la gamme de température considérée.

Les étapes suivantes consistent à se rapprocher des conditions réalistes de fonctionnement en faisant correspondre le flux réactionnel à un mélange typique de la configuration monochambre, c'est-à-dire un flux gazeux contenant du méthane, de l'oxygène, de l'eau et du dioxyde de carbone. Seuls les catalyseurs ayant démontré précédemment une sélectivité envers les gaz de synthèse ont été sélectionnés.

La première étape est l'ajout de vapeur d'eau dans le mélange réactionnel. La fraction molaire a été fixée à 20% compte tenu des contraintes expérimentales (20% d'eau dans un flux de 50 mL.min^{-1} correspond au débit minimum de la pompe HPLC et un débit gazeux total plus important impliquerait une hausse de la pression dans le réacteur). Le flux contient

---

[1] Pour des raisons techniques (superposition des pics relatifs à l'hydrogène et à l'hélium sur le chromatogramme relatif au détecteur T.C.D), l'argon et non pas l'hélium est utilisé en tant que gaz diluant du mélange.

ainsi CH_4, O_2 et H_2O dans les proportions suivantes 15 :2 :20 ce qui correspond aux débits 7.5, 1, 10 mL.min^{-1}. Le mode opératoire est identique aux tests préliminaires.

La dernière campagne de tests catalytiques permet l'ajout de 5% de CO_2. Le flux réactionnel est alors composé de CH_4, O_2, H_2O et CO_2 dans les proportions 15 :2 :20 :5 ce qui correspond aux débits suivants : 7.5, 1, 10, 2.5 mL.min^{-1}. On parle alors de « flux monochambre ».

III.2.2 Tests de stabilité

Deux catalyseurs ont été sélectionnés en tant que référence d'après les tests catalytiques précédents. Les tests ont consisté à suivre pendant une durée de 24 heures l'évolution de la conversion en méthane sous différentes atmosphères (50 mL.min^{-1}) à la température fixe de 500°C :

- Sous le mélange méthane : oxygène dans les proportions 15 : 2 utilisée lors des tests catalytiques préliminaires.
- Sous l'atmosphère monochambre contenant CH_4, O_2, H_2O et CO_2 dans les proportions 15 :2 :20 :5.

L'influence des 2% d'oxygène toujours présent dans le flux a également été étudiée. Ainsi, des tests de stabilité ont été réalisés à 500°C sur les deux mêmes catalyseurs sous une atmosphère de méthane uniquement (15% de CH_4 sous un flux de 50 mL.min^{-1}).

III.2.3 Analyses stationnaires : matériaux de cathode

Les performances catalytiques des matériaux de cathode sélectionnés ont été évaluées entre 400°C et 600°C, à pression atmosphérique et sous différentes atmosphères avec pour but de se rapprocher des conditions réalistes d'une configuration monochambre.

Les tests préliminaires ont été réalisés sous un mélange $CH_4 : O_2$ dans les proportions suivantes 2 :20 (1 : 10   mL.min^{-1}) avec l'argon comme gaz diluant et un débit de 50 mL.min^{-1}. Ce mélange se situe en dessous de la zone d'inflammabilité du diagramme méthane : oxygène : azote.

Les matériaux prometteurs ont par la suite été catalytiquement testés avec 20% d'eau supplémentaires au mélange ce qui correspond à des débits de 1 :10 :10 mL.min-1 respectivement pour le méthane, l'oxygène et l'eau.

La dernière étape est l'ajout de 5% de CO_2 au précédent mélange afin de se rapprocher des conditions réalistes de fonctionnement monochambre. On a alors un mélange CH_4, O_2, H_2O et CO_2 dans les proportions 2 :20 :20 :5 ce qui correspond aux débits suivants : 1, 10, 10, 2.5 mL.min^{-1}.

III.2.4 Analyses transitoires : catalyseurs d'anode

Des analyses transitoires ont été menées sur les catalyseurs d'anode afin d'étudier les phénomènes intervenants lors des premiers instants de réaction entre l'hydrocarbure et le catalyseur en absence d'oxygène. Ces analyses permettent ainsi mettre en évidence les propriétés de stockage d'oxygène de la cérine. L'influence de la température a également été étudiée entre 400°C et 600°C par paliers de 50°C.

Le mode opératoire est le suivant : Le réacteur contenant le catalyseur à tester est alimenté (Feed 2 sur la Figure 2-3) par un mélange simulant l'air

(20% d'oxygène) à un débit de 50 mL.min^{-1} pendant une heure afin de régénérer le catalyseur. Un gaz inerte (ici argon) est ensuite envoyé pendant quelques minutes afin d'effacer toute trace d'oxygène dans les tubes. La vanne 16 voies située en amont des réacteurs permet ensuite de diriger le « Feed 1 » contenant du méthane dilué (5% de CH$_4$ avec un débit de 50 mL.min^{-1}) sur le réacteur à tester. L'évolution des concentrations en fonction du temps est suivie par spectrométrie de masse.

III.3 Exploitation des résultats

Les différentes réactions pouvant intervenir lors des tests catalytiques ont été détaillées dans la partie bibliographique de ce mémoire (Chapitre 1 § III.3). La comparaison des performances est possible à travers plusieurs données que l'on définit par :

La conversion en méthane :

$$X_{CH4} = (1 - \frac{CH_{4\,Sortie}}{CH_{4\,Entrée}}) * 100 \quad (2\text{-}1)$$

Le rendement en hydrogène

$$Y_{H2} = \frac{H_{2\,Sortie}}{2 * CH_{4\,Entrée} + H_2O_{Entrée}} \times 100 \quad (2\text{-}2)$$

La balance de carbone :

$$Z = \frac{\sum\limits_{Composés} C_{Sortie}}{\sum\limits_{Composés} C_{Entrée}} \quad (2\text{-}3)$$

La balance de carbone est définie comme le rapport de la somme tous les atomes de carbone présents en sortie de réacteur par la somme de tous les atomes de carbone injectés en entrée. Une valeur inférieure à 1 signifie un bilan des matières négatif et donc un dépôt de carbone ou d'espèces carbonées sur le catalyseur.

La sélectivité en monoxyde de carbone :

$$S_{CO} = \frac{CO_{Sortie}}{CO_{Entrée} + CO_{2sortie}} \times 100 \quad (2\text{-}4)$$

Compte tenu qu'aucune quantification de l'eau n'est réalisée, la sélectivité en hydrogène n'est pas calculée.

Les équilibres thermodynamiques relatifs aux différentes conditions de tests ont été calculés en prenant en compte tous les produits potentiels. Le logiciel **Outokumpu HSC Chemistry**[TM] for Windows Version 4.1 a permis de déterminer les équilibres entre 400°C et 600°C et sous pression atmosphérique. Les espèces choisies pour la simulation sont les suivantes : CH_4, O_2, H_2, CO, CO_2 et H_2O pour la phase gaz et le carbone graphite pour la phase solide.

IV. Spectroscopie d'impédance complexe

IV.1 Théorie

Le principe consiste à envoyer un signal électrique alternatif dans un échantillon et à observer la modification de ce signal en sortie de l'échantillon [2].

Le signal alternatif peut être écrit sous la forme:

$$Z(\omega) = |Z| \exp j\,\omega = Re\,Z + j\,Im\,Z$$

avec Re et Im les parties réelle et imaginaire du signal et $\omega = 2\pi f$ avec f la fréquence du signal. Afin de mettre en évidence les différences de capacité électrique au sein du matériau étudié, un balayage en fréquence est réalisé lors de l'analyse.

On définit alors la fonction de transfert Z qui correspond au rapport du signal sinusoïdal de sortie par le signal sinusoïdal d'entrée. Cette fonction correspond à la contribution de l'échantillon et peut également s'écrire sous forme complexe :

$$Z = \frac{Re' + j\,Im'Z}{Re + j\,Im\,Z}$$

La mise en évidence des contributions des différents éléments du matériau étudié s'obtient en traçant la courbe Im = f(Re) dans le plan complexe. On parle alors de représentation de Nyquist.

Dans le cadre de cette étude sur les matériaux d'électrodes anodique et cathodique, la spectroscopie d'impédance complexe va permettre d'évaluer :

- La résistance de polarisation des matériaux de cathode. Etudiée habituellement sous air, cette résistance correspond finalement à l'activité électrochimique du matériau pour la réduction de l'oxygène.

- La résistance de polarisation des matériaux d'anode. Cette résistance est liée à l'activité électrochimique de l'anode pour l'oxydation du combustible.

IV.2 Banc de mesure

Le banc de mesure utilisé dans cette étude est schématisé sur la Figure 2-5 :

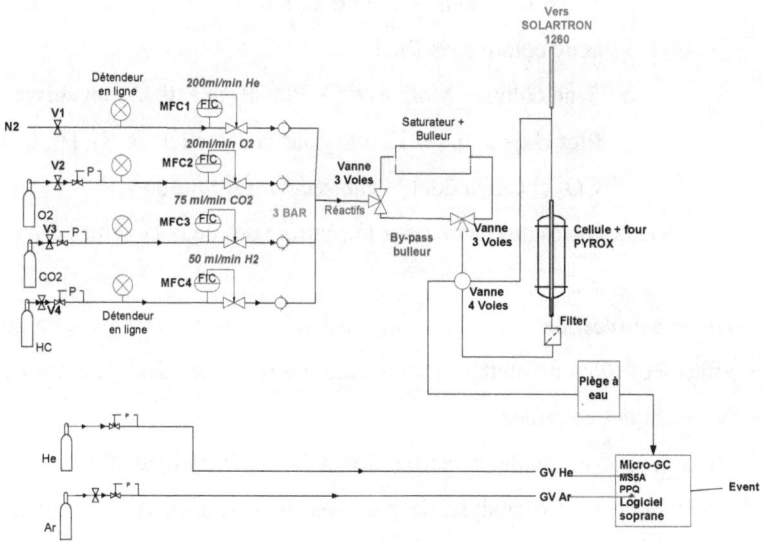

Figure 2-5 : Schéma du banc de mesure de spectroscopie d'impédance complexe

Le montage est composé de :

- 4 débitmètres massiques asservis permettant de réaliser les mélanges gazeux à partir de N_2, H_2, CH_4, O_2 et CO_2.
- Un bulleur et un saturateur afin de charger le mélange gazeux en vapeur d'eau. Deux vannes 3 voies placées en amont et en aval permettent de choisir ou non de passer par le bulleur.
- Un four Pyrox atteignant 1200°C et qui contient la cellule de mesure.
- Un appareil Solartron 1260 qui permet d'envoyer et recevoir le signal électrique alternatif.
- Un appareil de μ-chromatographie en phase gazeuse (μGC Agilent 3000A) pour la détection et la quantification de N_2, H_2, CH_4, O_2, CO_2 et CO. Il est constitué de deux colonnes :
  - Une PoraPlot U de 8 m x 0.32 mm suivie d'une PoraPlot Q de 1 m x 0.32 mm où sont détectés N_2 et CH_4. Le gaz vecteur de cette colonne est l'hélium.
  - Une colonne MolSieve 5A Plot 10 m × 0.32 mm suivie d'une Plot U de 3 m × 0.32 mm pour la détection de N_2, H_2, CH_4, O_2, CO_2 et CO et dont le gaz vecteur est l'argon.
- Deux postes de travail pour le contrôle des deux systèmes d'analyse.

Deux cellules de mesures sont disponibles suivant le type d'analyse effectuée. Elles permettent toutes deux de travailler dans une atmosphère parfaitement contrôlée.

Dans le cas où seule la partie liée à la spectroscopie d'impédance est intéressante (pas d'analyse de gaz avec le μGC), la cellule suivante est utilisée :

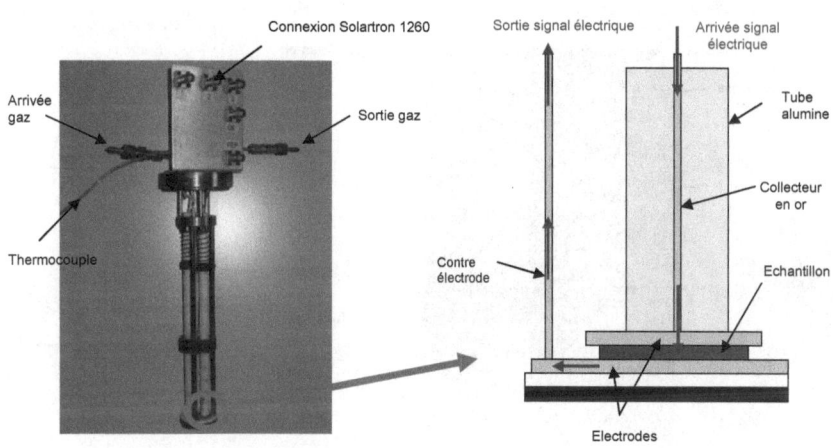

Figure 2-6 : Photographie de la cellule de mesure et représentation d'un échantillon en conditions de test

Cette cellule permet de tester 3 échantillons en même temps sous atmosphère et température contrôlées. Le signal sinusoïdal est amené par l'électrode disposée dans le tube d'alumine, est modifié lorsqu'il traverse l'échantillon puis est renvoyé au Solartron 1260 par la contre électrode (Figure 2-6). L'étude électrique des matériaux de cathode a été réalisée en utilisant cette cellule.

L'autre cellule (Figure 2-7) est utilisée lors de mesures couplées entre la spectroscopie d'impédance et l'analyse de gaz. En effet, son design permet de minimiser les volumes morts et ainsi obtenir une bonne précision des analyses gazeuses contrairement à la précédente cellule de mesure. Elle est constituée de deux tubes en Pyrex sur lesquels sont peintes les électrodes d'or pour la transmission du signal électrique. Ces tubes sont encastrés l'un dans l'autre avec un jeu de quelques millimètres pour permettre l'évacuation des gaz.

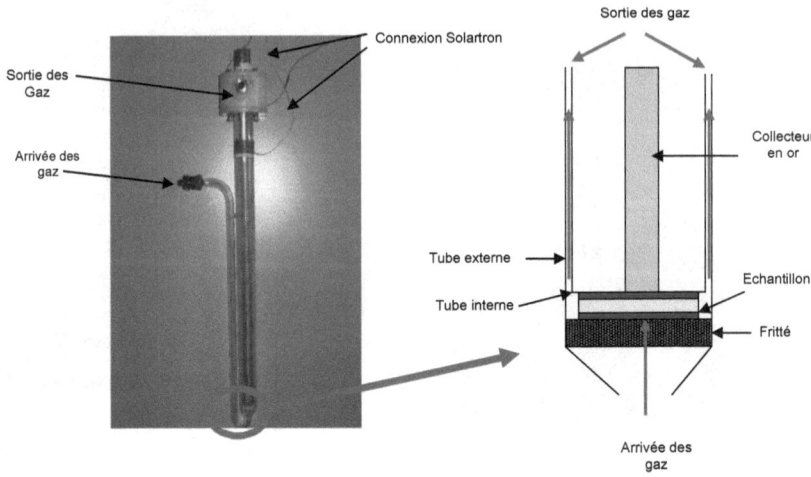

Figure 2-7 : Photographie de la cellule de mesure pour les mesures couplées et représentation
d'un échantillon en condition de test

IV.3 Elaboration des échantillons

La spectroscopie d'impédance a été utilisée pour l'étude des matériaux
d'électrode.

Pour l'étude des matériaux d'électrode (anode et cathode) par spectroscopie
d'impédance complexe, il existe deux configurations de travail (Figure 2-
8) :

- Une **configuration à 3 électrodes** faisant intervenir deux électrodes
  de travail et de référence et une contre électrode. Cette configuration
  implique des contraintes techniques lors de l'élaboration de
  l'échantillon et un appareillage spécifique. Dans ce cas là, la mesure
  peut être réalisée à l'état transitoire. Le Solartron 1260 disponible
  pour cette étude ne permet pas de travailler ainsi.

- Une **configuration à 2 électrodes** dont la réalisation est simple. Dans ce cas de figure, il est nécessaire que l'échantillon étudié soit mis en forme de façon symétrique étant donné qu'il n'y a pas ici d'électrode de référence. Cette configuration permet uniquement une étude des phénomènes à l'équilibre.

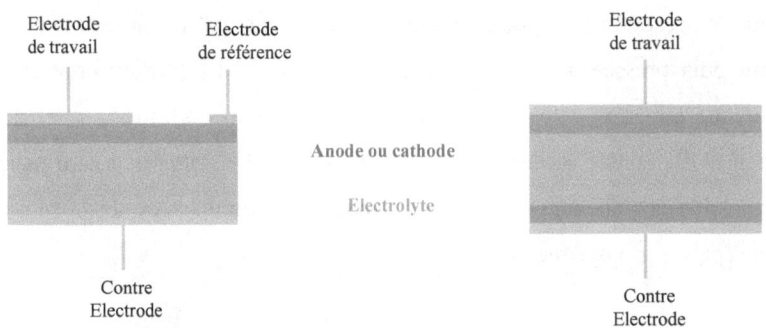

Figure 2-8 : Configurations à 3 et 2 électrodes pour l'étude de matériaux d'électrodes par spectroscopie d'impédance complexe

Compte tenu des contraintes techniques, la configuration à 2 électrodes a été choisie. Selon le matériau étudié, les échantillons ont donc consisté en des empilements symétriques électrode / électrolyte / électrode :

- Anode / Electrolyte / Anode
- Cathode / Electrolyte / Cathode

Parmi les différentes voies d'élaboration (co-pressage & co-frittage, dépôt par CVD, PVD, barbotine etc) et configurations possibles (anode ou cathode support et électrolyte support) et étant donné que l'étude porte sur les électrodes, il a été choisi de travailler avec des échantillons dits « électrolytes supports ». Cette configuration est techniquement plus simple à réaliser.

Le mode opératoire pour l'élaboration des échantillons est le suivant :

- Electrolyte

Le matériau choisi est la cérine dopée à 10% de gadolinium GDC à basse surface spécifique (15 m².g^{-1}) fournie par Rhodia.

Une masse définie de poudre est insérée dans une matrice de diamètre 16 mm puis pressée à 3 tonnes pendant 5 minutes. La pastille crue ainsi obtenue est ensuite frittée sous air pendant 6 heures à 1500°C avec des rampes de montée et descente en température de 2°C.min^{-1}. Après frittage, la pastille possède une densité supérieure à 93%, un diamètre de 11 mm et une épaisseur moyenne de 0.9 mm.

- Electrodes

Les électrodes sont réalisées par dépôt de barbotine.

Pour les matériaux de cathode, un mélange de la poudre étudiée et de PEG 200 est réalisée afin d'obtenir une barbotine qui soit facilement déposable (ni trop visqueuse ni trop liquide). Le dépôt est ensuite calciné à haute température (1000°C ou 1100°C selon le matériau et avec des rampes de montée et descente en température de 2°C.min^{-1}) sous air afin d'éliminer les liants organiques de la barbotine. On obtient ainsi des couches cathodiques poreuses comme le requiert le système SOFC.

Le Chapitre 4 présentera les différents protocoles étudiés pour la mise en forme de cellules symétriques ayant des anodes pour électrodes. Finalement, la voie d'élaboration choisie est la suivante : un mélange de poudres contenant NiO, GDC (+ un catalyseur dans le cas de l'étude de la présence d'un catalyseur) et de l'amidon (pour augmenter la porosité) est réalisé par agitation durant 3 heures au broyeur à billes. Une barbotine est réalisée avec du PEG 200 et est déposée sur chaque face de l'électrolyte support puis calcinée à 800°C sous air avec des rampes de montée et descente en température de 2°C.min^{-1} (Annexe 1).

Ainsi, des échantillons symétriques comportant un électrolyte dense et des électrodes poreuses sont obtenus.

IV.4 Mode opératoire

IV.4.1 Matériaux de cathode

Lors de l'étude des matériaux de cathode, seule la réponse électrique est intéressante. La cellule de mesure utilisée est donc la première présentée permettant de tester 3 matériaux différents en même temps.

L'atmosphère de test a un débit total de 50 mL.min^{-1} d'air (simulé par un flux à 20% d'oxygène et 80% d'azote) et la gamme de température d'analyse est 400°C-750°C. Les données électriques sont obtenues dans la gamme de fréquence 0.01Hz-100kHz avec un signal d'amplitude 10 mV. De la pâte d'or (Gold Paste A1644 85% Au, Metalor) est utilisée en tant que collecteur de courant sur les deux dépôts cathodiques et une grille d'or (Gold gauze, 82 Mesh, woven from 0.06mm dia wire, 99.9% metal basis, Alfa Aesar) est intercalée entre l'échantillon et l'électrode qui mène au Solartron 1260 afin de faciliter le contact électrique.

IV.4.2 Matériaux d'anode

Le protocole expérimental pour l'étude des matériaux anodiques est différent. La cellule utilisée est la seconde présentée permettant une analyse de gaz précise. Préalablement à toute analyse, l'échantillon est réduit sous 50 mL.min^{-1} à 3% d'hydrogène pendant 2 jours à 600°C. Cette étape permet de réduire l'oxyde de nickel en nickel métallique ce qui permet ainsi d'obtenir un réseau électrique percolant.

Après ce prétraitement, la température du four est redescendue à la température de test voulue sous 50 mL.min^{-1} d'azote. Après stabilisation de la température pendant 30 minutes, le mélange de test est envoyé sur l'échantillon. Après stabilisation (15 minutes), une analyse de spectroscopie d'impédance est réalisée en même temps qu'une analyse par chromatographie gazeuse. Lorsque l'analyse est terminée, l'échantillon est de nouveau mis sous 50 mL.min^{-1} d'azote et la température est modifiée pour atteindre la valeur désirée. Après stabilisation de la température, le cycle de mesure est répété.

La gamme de température étudiée est 400-700°C. Les données électriques sont obtenues dans la gamme de fréquence 0.05Hz-3^{E}7Hz avec un signal d'amplitude 30mV. De la pâte d'or est utilisée en tant que collecteur de courant sur les deux dépôts anodiques et une grille d'or est intercalée entre l'échantillon et l'électrode qui mène au Solartron 1260 afin de faciliter le contact électrique. Il est à noter que cette pâte d'or une fois calcinée est inactive catalytiquement, est poreuse et n'empêche donc aucunement le passage des gaz.

IV.4.3 Exploitation des résultats anodiques

- Mesures électriques :

La configuration à 2 électrodes nécessaire à l'acquisition des données électriques peut cependant s'avérer préjudiciable. En effet, lors de ces mesures, l'électrolyte approvisionne en même temps les deux anodes en ions oxygène pour l'oxydation du combustible jusqu'à la réduction complète de l'électrolyte. La quantité d'ions oxygène initialement disponible est partagée entre les deux électrodes. Contrairement à cela, lors du fonctionnement monochambre à une température donnée et à l'équilibre, une seule anode est alimentée de façon continue par des ions oxygène venant de la cathode.

L'étude en configuration à 2 électrodes permettra donc de comparer différentes anodes entre elles mais les résultats ne devront pas être considérés pour un empilement SOFC complet.

- Analyse des gaz :

Comme on peut le voir sur la Figure 2-7, le mélange réactionnel arrive par le bas de la cellule, traverse un fritté poreux et se trouve directement en contact avec la couche anodique inférieure de l'échantillon où les différentes réactions possible ont lieu. Compte tenu de la configuration de la cellule, il semble logique de supposer que le dépôt anodique supérieur ne soit pas soumis exactement au même mélange gazeux. En effet, cette couche peut « voir » un mélange différent issu des réactions qui se sont déroulées sur l'anode inférieure. De plus, la surface de réaction est beaucoup moins accessible pour l'anode supérieure. Lorsque le mélange réactionnel traverse le fritté, il rentre en contact avec toute l'anode inférieure alors que l'anode supérieure est en partie recouverte par le tube en Pyrex sur lequel est déposé l'électrode d'or, ce qui ne facilite pas l'accès aux gaz.

Ces deux aspects seront détaillés dans le Chapitre 4 qui présente les tests de caractérisation par spectroscopie d'impédance complexe.

IV.5 Exploitation des résultats

L'expérience est pilotée par le logiciel **Zplot**^TM qui permet de choisir les conditions opératoires : tension du signal, plage de fréquence de mesure etc.

L'analyse des signaux obtenus est réalisée par le logiciel **Zview**^TM. Ce logiciel permet de visualiser et traiter les résultats. Il fournit également de nombreux circuits électriques équivalents permettant de faire une simulation des signaux obtenus.

V. Références bibliographiques

[1]   G. Morra, A. Desmartin-Chomel, C. Daniel, U. Ravon, D. Farrusseng, R. Cowan, M. Krusche and C. Mirodatos, Chemical Engineering Journal, 138 (2008) 379.
[2]   B.A. Boukamp, Solid State Ionics, 169 (2004) 65.

Chapitre 3

Catalyseurs d'Anode :

Elaboration, Caractérisation &

Performances Catalytiques

Screening of ceria-based catalysts for internal methane reforming in low temperature SOFC, Cyril Gaudillère, Philippe Vernoux, Claude Mirodatos, Gilles Caboche and David Farrusseng, **Catalysis Today**, DOI:10.1016/j.cattod.2010.02.062

Marrying gas power and hydrogen energy: A catalytic system for combining methane conversion and hydrogen generation, Jurriaan Beckers, Cyril Gaudillère, David Farrusseng and Gadi Rothenberg, **Green Chemistry**, DOI: 10.1039/b900516a

I. Introduction

Comme il est détaillé dans la partie bibliographique de ce mémoire, la configuration monochambre SOFC implique le développement d'une anode qui ait une activité élevée pour la conversion des hydrocarbures et la production de gaz de synthèse (H_2 et CO). Ce chapitre présente l'élaboration, la caractérisation et l'évaluation des performances catalytiques de 15 catalyseurs pour anode de pile SOFC en configuration monochambre.

La première partie de ce chapitre détaille la bibliothèque de catalyseurs qui a été développée pour satisfaire aux critères recherchés (activité, sélectivité et stabilité) ainsi que l'architecture anodique envisagée. La voie d'élaboration de ces catalyseurs est détaillée et les caractérisations structurale et texturale par analyse BET, analyse chimique élémentaire, microscopies électronique à balayage et à transmission et par réduction programmée en température sont finalement présentées afin de mettre en évidence les caractéristiques des catalyseurs : surface spécifique, dispersion métallique, capacité de stockage d'oxygène…

Les performances catalytiques ont ensuite été étudiées selon une approche combinatoire sous deux régimes différents. La première partie présente les tests en régime stationnaire sous différentes atmosphères. Après des tests préliminaires visant à faire une première sélection de catalyseurs, la composition du mélange réactionnel est modifiée pas à pas afin de se rapprocher d'un environnement monochambre réaliste comprenant un hydrocarbure, de l'oxygène, de l'eau et du dioxyde de carbone. La seconde partie détaille le comportement de catalyseurs de référence en régime transitoire.

La stabilité, caractéristique importante du catalyseur, est ensuite étudiée sur plusieurs heures afin d'observer une possible désactivation.

La partie discussion apporte des explications aux divergences observées lors de la modification du flux réactionnel et au comportement en régime stationnaire.

La dernière partie de ce chapitre est consacrée à la caractérisation des catalyseurs après les tests catalytiques.

II. Choix des catalyseurs

L'étude bibliographique au Chapitre 1 a montré que les catalyseurs utilisés pour le reformage d'hydrocarbures sont généralement des catalyseurs supportés, c'est-à-dire composés d'un support et d'un métal.

Parmi les différents choix possibles, la cérine CeO_2 a été préférée comme support de part sa conductivité ionique importante dans la gamme de température visée dans cette étude ($\approx 600°C$). Des supports de cérine dopée par des oxydes de terre rare tels que Pr_6O_{11}, ZrO_2 et Gd_2O_3 à différentes teneurs ont été sélectionnés afin d'étudier l'influence d'un dopant sur les performances catalytiques. L'influence de la surface spécifique des supports a également été étudiée en utilisant des matériaux à haute (> 120 $m^2.g^{-1}$) et basse (15 $m^2.g^{-1}$) surfaces spécifiques.

La platine, le nickel et le cuivre sont les trois métaux sélectionnés.

Ainsi, une librairie de 15 catalyseurs a été élaborée (Tableau 3-1).

III. Architecture anodique envisagée

Les catalyseurs ici développés ont pour but a terme d'être incorporés au sein d'une anode conventionnelle, c'est-à-dire un cermet. L'architecture envisagée pour la suite de l'étude est représentée par la Figure 3-1.

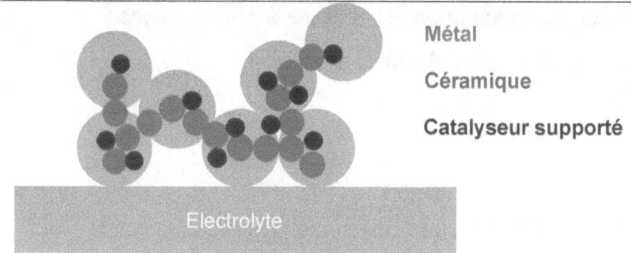

Figure 3-1 : Représentation théorique de l'architecture anodique envisagée avec l'incorporation d'un catalyseur au sein d'un cermet

L'insertion d'un catalyseur au sein du cermet a pour objectif une production localisée de gaz de synthèse à partir des hydrocarbures au voisinage des sites de réaction électrochimiques, les Triple Phase Boundary (TPB).

IV. Elaboration des catalyseurs

Les supports à base de cérine utilisés dans cette étude ont été fournis par Rhodia (CeO_2, CeO_2 dopée 10% Pr_6O_{11} et dopée 30% ZrO_2 à haute surface spécifique et dopée 10% Gd_2O_3 à faible surface spécifique) et acheté chez Nextech Materials (CeO_2 dopée 10% Gd_2O_3 à haute surface spécifique).

Les 15 catalyseurs ont été élaborés par imprégnation par voie humide en combinant les 5 supports avec les 3 métaux sélectionnés.

De façon générale, l'imprégnation par voie humide est réalisée par dissolution dans l'eau de sels de métal (H_2PtCl_6 pour le platine, $Ni(NO_3)_2.6H_2O$ pour le nickel et $Cu(NO_3)_2.2,5H_2O$ pour le cuivre) dans les proportions désirées pour une concentration approchant la saturation. La valeur finale recherchée est de 5% en poids de métal par rapport au support. Le support est ensuite imprégné par la solution de sel de métal et de l'eau est ajoutée au goutte à goutte jusqu'à ce que la poudre soit totalement imprégnée. La pâte ainsi obtenue est agitée vigoureusement durant 2 heures puis séchée à l'étuve à 100°C pendant 1 heure pour évaporer l'eau. La calcination est réalisée à 600°C pendant 8 heures sous air statique avec une rampe de 60°C.h^{-1}.

V. Caractérisation

Ce paragraphe détaille les différents résultats obtenus lors de la caractérisation des catalyseurs anodiques.

V.1 Mesure de surface spécifique et analyse chimique élémentaire

La surface spécifique des supports avant imprégnation et après l'étape d'imprégnation-calcination a été calculée par la méthode BET par physisorption d'azote à 77K. Une quantification du métal imprégné est faite par analyse ICP-AES. Les résultats sont regroupés dans le Tableau 3-1.

Tableau 3-1 : Composition, surfaces spécifiques et notation des catalyseurs élaborés

Dopant	S_{BET} (m².g^{-1})	Métal	Métal (wt%)	S_{BET} après imprégnation et calcination (m².g^{-1})	Notation
Non dopé		Pt	3.88	133	Pt-Ce-H
Non dopé	237	Ni	3.18	201	Ni-Ce-H
Non dopé		Cu	2.69	193	Cu-Ce-H
30% ZrO$_2$		Pt	2.04	90	Pt-CeZr-H
30% ZrO$_2$	127	Ni	2.16	103	Ni-CeZr-H
30% ZrO$_2$		Cu	4.05	110	Cu-CeZr-H
10 %Pr$_6$O$_{11}$		Pt	3.95	163	Pt-CePr-H
10 %Pr$_6$O$_{11}$	174	Ni	3.48	167	Ni-CePr-H
10 %Pr$_6$O$_{11}$		Cu	3.85	160	Cu-CePr-H
10% Gd$_2$O$_3$		Pt	2.65	14	Pt-CeGd-L
10% Gd$_2$O$_3$	15	Ni	3.87	14	Ni-CeGd-L
10% Gd$_2$O$_3$		Cu	2.56	14	Cu-CeGd-L
10% Gd$_2$O$_3$		Pt	4.24	151	Pt-CeGd-H
10% Gd$_2$O$_3$	213	Ni	5.02	129	Ni-CeGd-H
10% Gd$_2$O$_3$		Cu	4.42	143	Cu-CeGd-H

Comme décrit précédemment, les supports sélectionnés possèdent des surfaces spécifiques basse (15 m².g^{-1} et noté –L pour Low) et haute (>120 m².g^{-1} et noté –H pour High). Généralement, plus la surface spécifique du support est importante, plus la surface spécifique du catalyseur, c'est-à-dire après imprégnation et calcination, sera importante. Cela est observable quelque soit le dopant de la cérine. La chute de surface spécifique est la plus prononcée pour CeGd-H (35%) alors qu'elle reste limitée pour le support CePr-H (9%). Aucune diminution significative n'est observée pour les échantillons possédant le support CeGd-L quelque soit le métal imprégné. Les valeurs finales des autres catalyseurs restent tout de même supérieures à 100 m².g^{-1} (excepté pour Pt-CeZr-H avec 90 m².g^{-1}) ce qui laisse supposer une importante dispersion du métal.

Les analyses chimiques démontrent une dispersion des valeurs de métal imprégné par rapport aux 5% souhaités. On note une moyenne de 3,5% ± 0.9. Cette dispersion peut s'expliquer par le processus d'élaboration où une partie des précurseurs métalliques reste sur les parois des béchers.

V.2 Diffraction des rayons X

Une analyse par diffraction des rayons X a été réalisée sur tous les catalyseurs synthétisés.

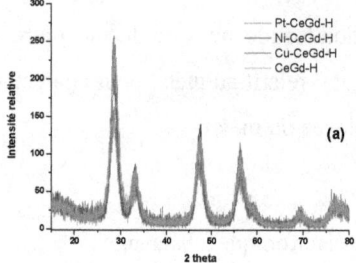 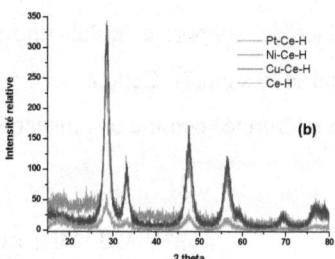

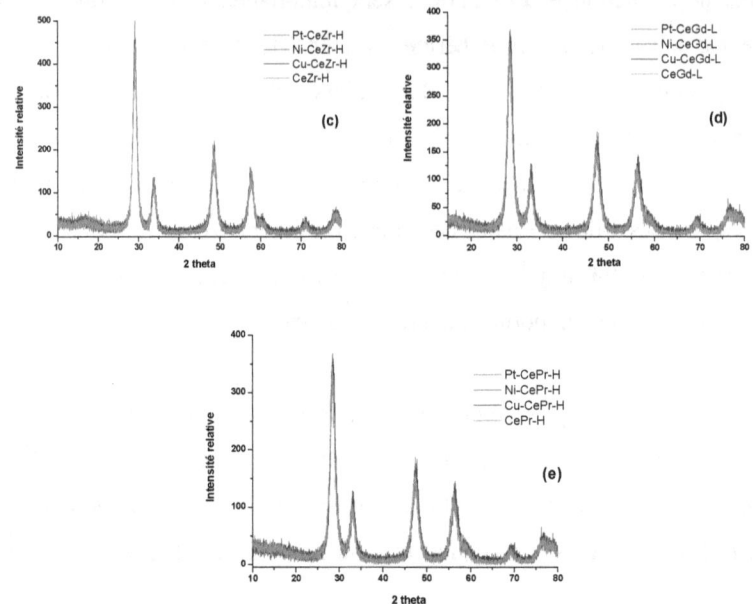

Figure 3-2 : Diffractogrammes X des catalyseurs imprégnés avec les supports CeGd-H (**a**), Ce-H (**b**), CeZr-H (**c**), CeGd-L (**d**) et CePr-H (**e**)

Tous les échantillons sont cristallins et ne présentent qu'une seule phase associée au support. Quel que soit le métal imprégné et le support, il n'y a aucune raie relative au métal, ce qui signifie que ce dernier se situe bien en surface du support et qu'aucune solution solide ne s'est formé entre le métal et le support. Cette absence de signal relatif au métal peut également être interprétée comme une dispersion élevée du métal.

V.3 Microscopie électronique à balayage

Des analyses par microscopie électronique à balayage ont permis de réaliser les clichés de la Figure 3-3.

Figure 3-3 : Clichés MEB du support Ce-H (**a**) et des catalyseurs Pt-Ce-H (**b**), Ni-Ce-H (**c**) et
Cu-Ce-H (**d**). (x 12000) - Echelle 3 μm

Le support Ce-H (**a**) présente des particules sphériques d'environ 3 μm
agglomérées entre elles. Ces agglomérats mesurent en moyenne une
dizaine de microns.

Le même support imprégné présente des caractéristiques morphologiques
similaires quelque soit le métal utilisé. Des analyses EDX n'ont pas mis en
évidence la présence du métal ce qui peut s'expliquer par une haute
dispersion et des particules de taille nanométrique.

V.4 Microscopie électronique en transmission

Des analyses de microscopie électronique par transmission ont été réalisées
sur un échantillon du support Ce-H ainsi que sur le catalyseur Pt-Ce-H à
titre d'exemple.

A noter que seule une imprégnation de platine peut être observée avec la préparation des échantillons utilisée. En effet, la préparation d'une réplique (Chapitre 2 § II.7) implique l'utilisation d'acide fluorhydrique qui dissout le nickel et le cuivre mais pas le platine.

La Figure 3-4 représente un cliché MET du support Ce-H et un cliché du même support imprégné de platine (Pt-Ce-H). Avant observation, l'échantillon Pt-Ce-H est réduit sous hydrogène à 600°C pendant 3 heures afin d'obtenir du platine métallique dont le contraste est meilleur que le platine oxydé.

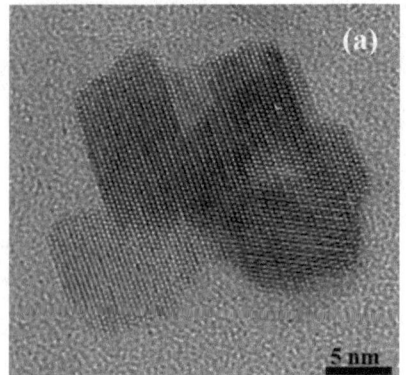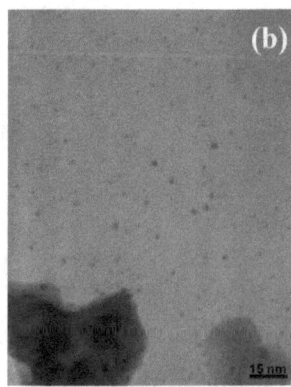

Figure 3-4 : Clichés MET du support Ce-H (**a**) et du catalyseur Pt-Ce-H (**b**)

Le cliché (**a**) représente le support Ce-H. Des franges relatives au réseau cristallin sont observées ce qui atteste de la haute cristallinité du matériau. Le cliché (**b**) met en évidence une imprégnation de platine uniforme et bien dispersée sur toute la surface du support.

Une estimation de la répartition de la taille des particules imprégnées a été réalisée sur 300 particules. La Figure 3-5 représente cette distribution de taille.

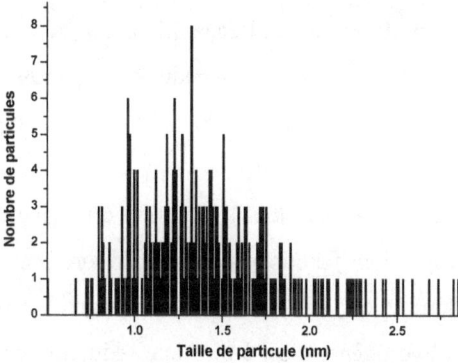

Figure 3-5 : Distribution de taille des particules de platine imprégnées sur le support Ce-H

La répartition donnée Figure 3-5 présente une forme Gaussienne centrée sur 1.3 nm. On peut donc considérer que la taille moyenne des particules est de 1.3 nm ce qui d'après la formule empirique d = 1/Ø (avec d la dispersion en % et Ø le diamètre moyen des particules imprégnées) laisse supposer une dispersion de l'ordre de 77%.

V.5 Réduction programmée en température

La partie bibliographique relative à la description de la cérine (Chapitre 1 § III.2) a démontré que cette structure a la particularité de présenter le cation Ce aux valences +3 et +4 ce qui lui confère la capacité de relâcher et stocker de l'oxygène selon l'atmosphère. Cet oxygène disponible au sein du catalyseur va jouer un rôle important dans les différentes réactions d'oxydation. Par ailleurs, il a été également démontré que cette quantité d'oxygène ainsi que la mobilité associée peuvent être améliorées par l'insertion d'un dopant.

Dans cette optique, des expériences de réduction programmée en température ont été menées sur les 2 supports Ce-H et CeGd-H bruts et imprégnés de platine et de nickel afin de mettre en évidence l'influence d'un dopant et d'un métal imprégné. La partie expérimentale détaille le protocole de mesure. Pour rappel, l'échantillon est pré-traité sous oxygène jusqu'à 500°C pendant 1 heure, descendu à température ambiante puis chauffé sous hydrogène dilué jusqu'à 900°C avec une rampe de 20°C.min⁻¹.

Les Figures 3-6 et 3-7 représentent l'évolution du signal de spectrométrie de masse d'hydrogène en fonction de la température pour les 6 matériaux choisis. Une diminution de l'intensité du signal correspond à une consommation d'hydrogène, c'est-à-dire une réduction de l'échantillon et donc une consommation de l'oxygène contenue dans le matériau.

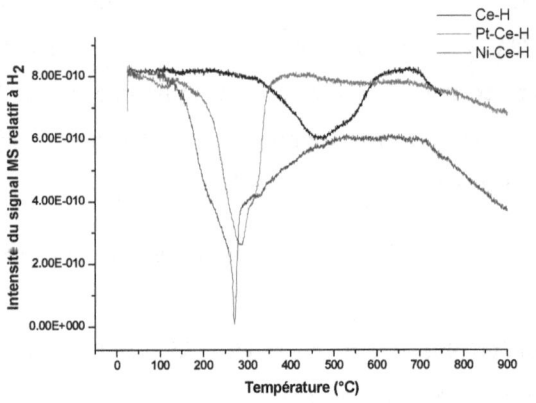

Figure 3-6 : Réduction Programmée en Température pour les échantillons Ce-H, Pt-Ce-H et Ni-Ce-H. Evolution de l'intensité du signal de spectrométrie de masse de H₂ en fonction de la température

Sur la Figure 3-6, le signal relatif au support Ce-H présente une diminution entre 320°C et 600°C avec un maximum à 465°C. Une seconde consommation d'hydrogène est observée à partir d'environ 700°C.

Les 2 catalyseurs imprégnés de platine et de nickel présentent une évolution différente. On note pour le catalyseur Pt-Ce-H une légère consommation d'hydrogène à environ 104°C suivie d'une consommation beaucoup plus prononcée entre 150°C et 380°C (maximum à 290°C). L'échantillon Ni-Ce-H présente également un pic assez étalé entre 130 et 520°C (maximum à 270°C). Pour ces 2 catalyseurs et de manière identique à l'analyse du support Ce-H, on observe une consommation qui débute à environ 700°C et qui se poursuit jusqu'à 900°C.

Ces différentes observations, valables également pour la Figure 3-7, permettent d'affirmer que la consommation d'hydrogène commune observée à partir de 700°C correspond à la réduction du « cœur ou bulk » du matériau. Les pics les plus importants sont liés à la réduction de la surface du support [1]. Ces deux figures mettent en évidence l'influence de l'imprégnation d'un métal. En effet, l'ajout de platine ou de nickel en surface permet à la fois de diminuer la température de réduction de la surface du catalyseur et d'augmenter la quantité d'oxygène désorbé. Le pic observé à 104°C pour l'échantillon Pt-Ce-H est attribué à la réduction du métal. L'oxyde de nickel plus stable que l'oxyde de platine est réduit à plus haute température. Cette réduction est probablement incluse dans le pic attribué à la réduction de la surface du support.

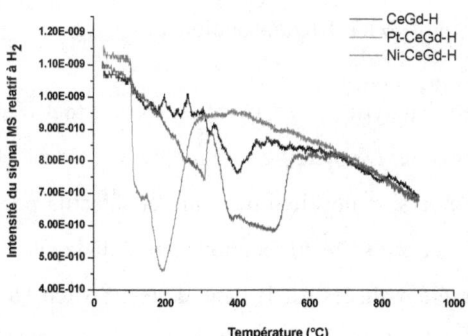

Figure 3-7 : Réduction Programmée en Température pour les échantillons CeGd-H, Pt-CeGd-H et Ni-CeGd-H. Evolution de l'intensité du signal de spectrométrie de masse de H_2 en fonction de la température

Le Tableau 3-2 regroupe les quantités d'oxygène disponibles dans les catalyseurs (calculées en considérant que le support et le métal sont totalement oxydés en début d'expérience) et les quantités d'hydrogène consommées pour la réduction de la surface déduites des analyses TPR.

Les calculs démontrent que l'imprégnation d'un métal permet d'accroître de façon significative la réduction du catalyseur. Cela s'explique par la migration des ions oxygène de la maille du bulk en surface du matériau et l'interaction métal-support qui facilite le spillover d'oxygène.

Tableau 3-2 : Exploitation des données obtenues pendant les réductions programmées en température

Echantillon	Moles calculées de O_2 dans le catalyseur $(x10^{-6})$	Moles de H_2 consommées pour la réduction de la surface $(x10^{-6})$	Moles de O_2 consommées en surface $(x10^{-6})$	% de réduction attribuée à la surface / Volume total
Ce-H	1160	505	252	21.7
Pt-Ce-H	1179	953	476	40.3
Ni-Ce-H	1225	1501	750	66.6
CeGd-H	1010	98	46	4.5
Pt-CeGd-H	1031	998	499	48.4
Ni-CeGd-H	1095	997	498	45.4

VI. Performances catalytiques

VI.1 Régime stationnaire

Le comportement catalytique des 15 catalyseurs a tout d'abord été étudié en régime stationnaire. L'objectif est de mettre en évidence les échantillons actifs pour la conversion de l'hydrocarbure et sélectifs pour la production de gaz de synthèse nécessaire au fonctionnement de la pile.

Les mesures ont été réalisées sur le banc de test Switch 16 détaillé dans la partie expérimentale (Chapitre 2 § III.1) de ce mémoire. Pour rappel, la température d'analyse varie entre 400°C et 600°C. Les valeurs de conversion et de rendements données correspondent à une moyenne de deux mesures effectuées après 12 et 22 minutes sous flux réactionnel et ont

été calculées selon les formules énoncées précédemment (Chapitre 2 §
III.3). Les équilibres thermodynamiques indiqués sur les graphiques ont été
calculés avec le logiciel Outokumpu HSC Chemistry^{TM} d'après les
différentes réactions possibles :

Oxydation totale du méthane:

$$CH_4 + 2O_2 \Rightarrow CO_2 + 2H_2O \quad (3\text{-}1)$$

Oxydation partielle du méthane:

$$CH_4 + \tfrac{1}{2} O_2 \Rightarrow CO + 2H_2 \quad (3\text{-}2)$$

Craquage du méthane:

$$CH_4 \Rightarrow C + 2H_2 \quad (3\text{-}3)$$

Steam reforming:

$$CH_4 + H_2O \Rightarrow CO + 3H_2 \quad (3\text{-}4)$$

Dry reforming:

$$CH_4 + CO_2 \Rightarrow 2\,CO + 2H_2 \quad (3\text{-}5)$$

Water Gas Shift (WGS):

$$CO + H_2O \Leftrightarrow CO_2 + H_2 \quad (3\text{-}6)$$

L'eau produite et injectée est piégée mais aucune quantification n'est
possible compte tenu de la configuration du système : l'eau récupérée
correspond à la somme de l'eau des 16 réacteurs aux différentes
températures donc aucun calcul faisant intervenir l'eau et notamment la
sélectivité en hydrogène ne peut être réalisé.

VI.1.1 Tests préliminaires

La composition du mélange réactionnel utilisé pour ces premiers tests est la suivante : $CH_4 : O_2 = 15 : 2$. Un flux riche en méthane a été préféré pour mettre en évidence les différences d'activité entre catalyseurs. Seulement 2% d'oxygène sont injectés afin de simuler l'apport qui aurait lieu par l'électrolyte en condition de fonctionnement. Cette quantité peut également correspondre à l'oxygène gazeux présent au voisinage de l'anode lors du fonctionnement en condition monochambre.

La Figure 3-8 représente la conversion en méthane en fonction de la température pour les catalyseurs imprégnés de platine (**a**), de nickel (**b**) et de cuivre (**c**).

Concernant les catalyseurs à base de cuivre, la conversion du méthane est vraiment très faible avec des valeurs moyennes de 6 (± 1) %. Dès 400°C, tout l'oxygène injecté est consommé. La conversion en méthane équivalente à une consommation totale d'oxygène est de 6.6%. Quelque soit le dopant et la température, les catalyseurs imprégnés de cuivre favorisent uniquement la combustion totale du méthane.

Pour les catalyseurs à base de platine et de nickel, tout l'oxygène est consommé dès 450°C et la conversion en méthane continue d'augmenter pour des températures supérieures. Cela signifie qu'une autre réaction que l'oxydation du méthane a lieu. Les valeurs obtenues expérimentalement sont assez éloignées des équilibres thermodynamiques calculés. En effet, sur les catalyseurs à base de platine, la conversion ne représente que 20% et 30% des valeurs thermodynamiques respectivement à 400°C et 600°C. Aucune différence notoire de conversion n'est observée avec le dopant et la surface spécifique (± 2.5% entre les conversions maximum et minimum).

En ce qui concerne les supports imprégnés de nickel, la conversion en méthane est beaucoup plus proche de l'équilibre thermodynamique que précédemment et dépend de façon plus importante du dopant et de la surface spécifique. A 600°C, Ni-CePr-H présente la valeur la plus élevée avec 53.5% de conversion et Ni-CeZr-H la plus faible avec 34.6%. De façon surprenante, aucune tendance en fonction de la surface spécifique n'est observée.

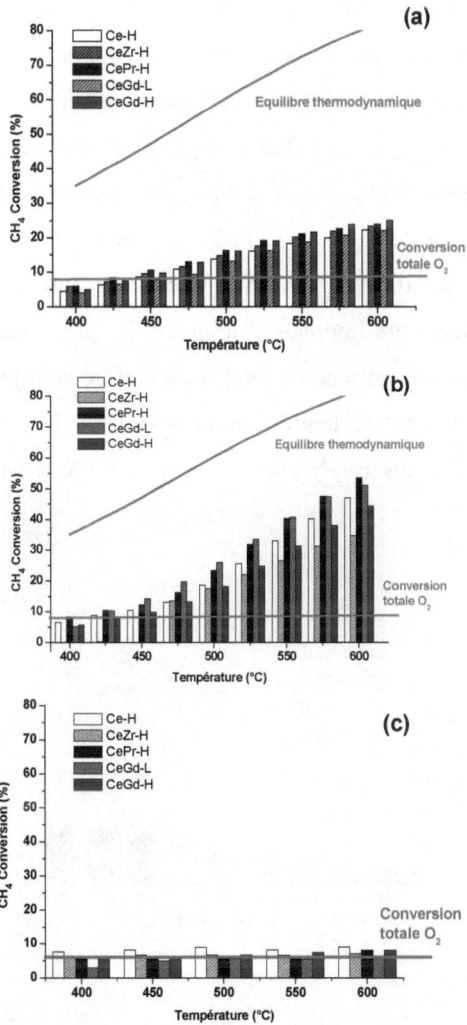

Figure 3-8 : Conversion du méthane en fonction de la température avec les catalyseurs imprégnés de platine (**a**), de nickel (**b**) et de cuivre (**c**). Mélange réactionnel $CH_4 : O_2 = 15 : 2$. Flux total = 50 mL.min^{-1} avec argon comme gaz diluant

La Figure 3-9 présente le rendement en hydrogène pour les catalyseurs imprégnés de platine et de nickel uniquement. Les sélectivités en monoxyde de carbone suivent plus ou moins l'équilibre thermodynamique ce qui signifie que la réaction de Water Gas Shift (WGS 3-6) est quasiment à l'équilibre. Les valeurs augmentent avec la température avec un minimum de 0% à 400°C pour atteindre environ 95% à 600°C. Le rendement en hydrogène suit une tendance similaire à la conversion de méthane observée Figure 3-8. Les catalyseurs à base de nickel donne des rendements deux fois plus élevés que les systèmes à base de platine. Ainsi, à 600°C et pour le support CePr-H, le rendement en hydrogène est respectivement de 16% et 30% avec une imprégnation de platine et de nickel. Les catalyseurs imprégnés de cuivre ne produisent aucun gaz de synthèse sur toute la gamme de température et ne sont pas appropriés en tant que catalyseur pour l'application pile à combustible. Ainsi, plus aucun résultat associé à ces catalyseurs ne sera présenté dans la suite de ce chapitre.

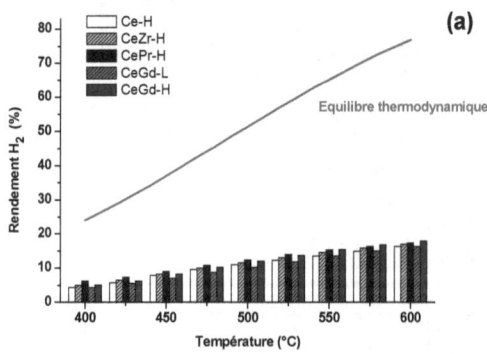

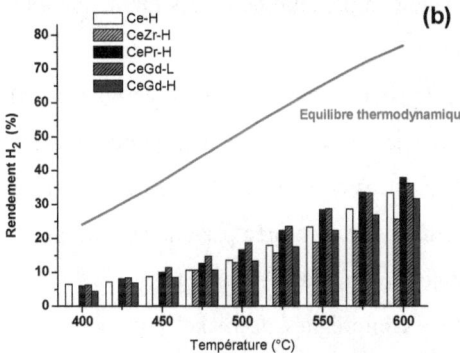

Figure 3-9 : Rendement en hydrogène en fonction de la température avec les catalyseurs imprégnés de platine (**a**) et de nickel (**b**). Mélange réactionnel $CH_4 : O_2 = 15 : 2$. Flux total = 50 mL.min^{-1} avec argon comme gaz diluant

Afin de comparer efficacement les bilans de matière associés à chaque catalyseur, la Figure 3-10 représente l'évolution de la balance de carbone pour les catalyseurs à base de platine et de nickel en fonction du rapport (CH_4 conversion / % métal). Les catalyseurs à base de cuivre ne sont pas représentés compte tenu que seule la réaction d'oxydation totale est favorisée.

Les 10 catalyseurs présentent une balance de carbone légèrement déficitaire jusqu'à 450°C puis une diminution beaucoup plus prononcée est observée à partir de 550°C et 600°C respectivement pour les catalyseurs à base de nickel et de platine. Sous les conditions de tests ici utilisées et comme il était attendu, la réaction de craquage du méthane (réaction 3-3) a lieu et des espèces carbonées se retrouvent piégées en surface des catalyseurs. Ces résultats sont en accord avec les observations données sur les valeurs de conversions du méthane ; plus la conversion est élevée, plus la balance de carbone est faible. Par exemple, la balance de carbone associée à Ni-CePr-H est de 0.57 pour une conversion de 57% alors qu'elle est de 0.87 pour Pt-CePr-H avec 23.9% de conversion à 600°C. Cette tendance s'explique simplement par le fait que la majorité de la conversion du méthane est réalisée par craquage compte tenu de la très faible quantité d'oxygène dans le flux réactionnel.

Pour les catalyseurs à base platine, (symbole plein) il n'y a pas de différence de valeur en fonction du dopant et/ou de la surface spécifique. Cela suggère que dans ces conditions, l'étape déterminante du processus de conversion du méthane est contrôlée par une activation sur le métal et que le support n'intervient pas de façon limitante.

Les catalyseurs imprégnés de nickel (symbole vide) présentent une tendance différente. En effet, on note une influence marquée du support pour une iso-conversion : à 7% de conversion, les balances de carbone vont de 0.95 pour Ni-CeZr-H à 0.73 pour Ni-CePr-H mettant en évidence une forte influence du support dans le processus catalytique. De façon similaire, pour un même dopant (Gd), la surface spécifique joue également un rôle, la réaction de craquage étant plus prononcée sur un support à faible surface spécifique.

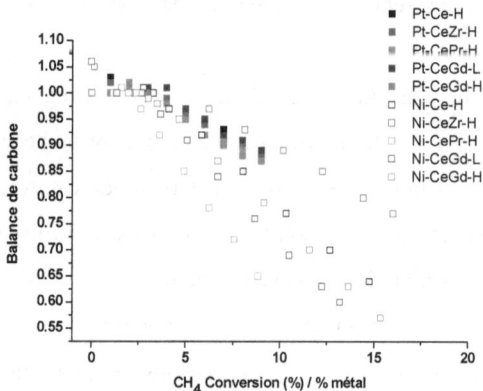

Figure 3-10 : Evolution de la balance de carbone en fonction du rapport (CH$_4$ conversion / % métal) pour les catalyseurs imprégnés de platine et de nickel. Mélange réactionnel CH$_4$: O$_2$ = 15 : 2. Flux total = 50 mL.min^{-1} avec argon comme gaz diluant

Ces tests catalytiques préliminaires ont permis de mettre en évidence que les catalyseurs supportés à base de cérine et imprégnés d'un métal sont actifs pour la conversion du méthane. Cependant, tous ne sont pas sélectifs envers la production d'hydrogène et le monoxyde de carbone.

Ainsi, pour la suite de l'étude, seuls les catalyseurs à base de platine et de nickel ont été sélectionnés.

VI.1.2 Influence de la présence de vapeur d'eau

La seconde étape de l'étude en régime stationnaire visant à se rapprocher d'un environnement gazeux réaliste de pile monochambre SOFC a consisté à ajouter une proportion d'eau de 20% au mélange réactionnel précédent. Cette valeur a été choisie d'après la littérature et les contraintes expérimentales imposées par la pompe HPLC disponible sur le Switch 16. Ainsi le flux est composé de méthane, d'oxygène et d'eau dans les proportions suivantes : $CH_4 : O_2 : H_2O = 15 : 2 : 20$.

De façon identique aux tests préliminaires, la Figure 3-11 représente la conversion en méthane en fonction de la température pour les catalyseurs imprégnés de platine (**a**) et de nickel (**b**).

Comme attendu, l'ajout d'eau dans le flux réactionnel permet d'améliorer la conversion en méthane.

La conversion est typiquement doublée sur les catalyseurs à base platine par rapport aux tests préliminaires et l'écart avec l'équilibre thermodynamique calculé se trouve ainsi diminué. Par exemple, Pt-CePr-H présente une conversion de 53% à 600°C contre 24% sans addition d'eau. Là encore, tout l'oxygène injecté est consommé dès 400°C mais contrairement au précédent scénario, on observe de nettes disparités de conversion avec les supports où un dopage par le praséodyme permet d'atteindre 53% de conversion alors qu'un support non dopé présente une valeur de 24% (Pt-Ce-H) à 600°C.

Les catalyseurs à base de nickel présentent un « light-off » dans la gamme de température 400-525°C. L'eau inhibe très nettement la conversion du méthane jusqu'à 425°C pour Ni-CeGd-H, 450°C pour Ni-Ce-H, Ni-CePr-H, Ni-CeGd-L et 525°C pour Ni-CeZr-H.

Pour quelques systèmes à base de platine et de nickel, la conversion en méthane ne présente pas une augmentation linéaire avec la température. Ni-Ce-H présente par exemple une augmentation brutale à 475°C suivie d'une légère diminution jusqu'à 550°C puis une augmentation linéaire jusqu'à 600°C.

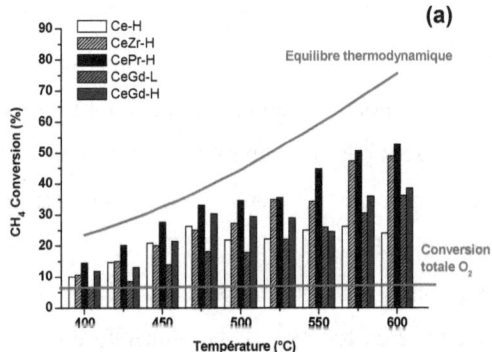

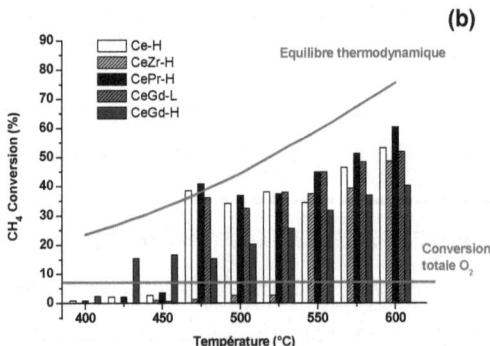

Figure 3-11 : Conversion du méthane en fonction de la température avec les catalyseurs imprégnés de platine (**a**) et de nickel (**b**). Mélange réactionnel $CH_4 : O_2 : H_2O = 15 : 2 : 20$. Flux total = 50 mL.min^{-1} avec argon comme gaz diluant

Pour les catalyseurs à base de platine, la production de CO est négligeable pour des températures inférieures à 500°C. Cela est probablement du à l'oxydation du monoxyde de carbone qui est fortement favorisée par la présence de platine. A partir de 500°C, la sélectivité en CO augmente avec la température et atteint des valeurs supérieures à 60% à 600°C, Pt-CeZr-H étant la seule exception avec une sélectivité de 40%.

Les catalyseurs imprégnés de nickel présentent des sélectivités en CO qui augmentent avec la température pour atteindre 78% à 600°C (Ni-CeGd-H). L'écart avec la thermodynamique est diminué par rapport aux tests sans présence d'eau. Par exemple, pour le catalyseur Pt-CePr-H et à 600°C, le rendement en hydrogène est de 43% en présence d'eau (=63.7% de la thermodynamique) alors qu'il était de 17% (=22.1% de la thermodynamique) pendant les tests préliminaires. L'impact de la nature du support est beaucoup plus prononcé quelque soit le métal imprégné avec par exemple 48% de rendement avec CeZr-H et 13% avec Ce-H pour une imprégnation de platine et à 600°C (Figure 3-12).

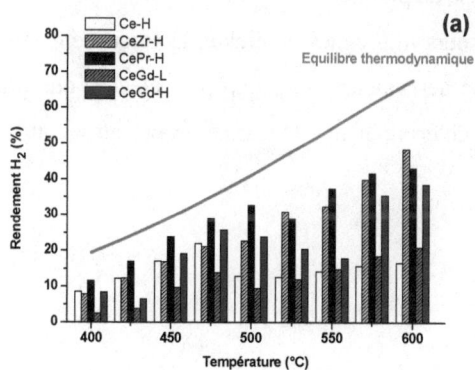

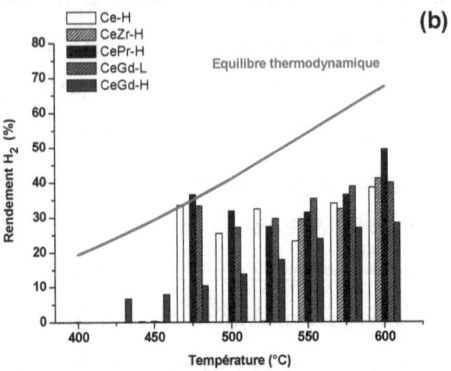

Figure 3-12 : Rendement en hydrogène en fonction de la température avec les catalyseurs imprégnés de platine (**a**) et de nickel (**b**). Mélange réactionnel CH_4 :O_2 : H_2O = 15 : 2 : 20. Flux total = 50 mL.min^{-1} avec argon comme gaz diluant

La Figure 3-13 présente l'évolution de la balance de carbone en fonction du rapport (CH_4 conversion / % métal) pour les catalyseurs sélectionnés.

Contrairement aux tests préliminaires, on observe de fortes disparités des balances de carbone en fonction de la nature du support pour les catalyseurs à base de platine.

Pour les catalyseurs imprégnés de nickel, la présence d'eau limite le dépôt de carbone avec des valeurs beaucoup plus élevées que précédemment. Il est difficile de déterminer une tendance propre au métal ou au dopant du support.

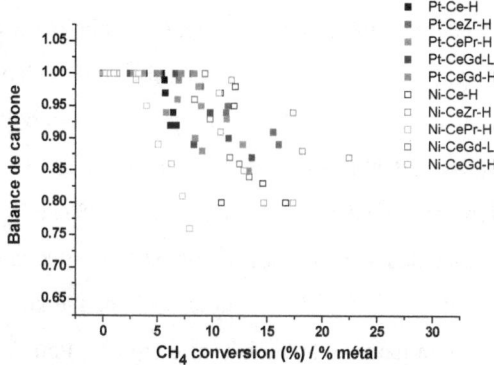

Figure 3-13 : Evolution de la balance de carbone en fonction du rapport (CH_4 conversion / % métal) pour les catalyseurs imprégnés de platine et de nickel. Mélange réactionnel $CH_4 : O_2 :$ $H_2O = 15 : 2 : 20$. Flux total = 50 mL.min^{-1} avec argon comme gaz diluant

VI.1.3 Influence de la présence de dioxyde de carbone

Afin de simuler un environnement monochambre réaliste, la dernière étape a consisté à ajouter au flux précédent 5% de dioxyde de carbone. En effet, le CO_2 peut être présent dans la cellule parce qu'il est produit lors des différentes réactions d'oxydation et /ou parce qu'il est injecté en tant que réactif afin de favoriser la réaction de dry reforming précédemment citée (réaction 3-5).

Le mélange ainsi identifié correspond à un mélange typique de pile SOFC monochambre (H_2 et CO étant produits durant le fonctionnement) mais peut également être considéré comme un flux de gaz naturel ou de biogaz issu de la fermentation de matières végétales ou animales.

La Figure 3-14 représente la conversion en méthane en fonction de la température pour les catalyseurs imprégnés de platine et de nickel.

Concernant les catalyseurs à base de platine (**a**), on note une amélioration de la conversion lorsque du CO_2 est ajouté au mélange contenant de l'eau. Par exemple, Pt-CePr-H présente une conversion de

69% contre 52% sans l'ajout de CO_2. On observe également une dépendance des résultats par rapport au support. CePr-H est encore le plus actif suivi par CeGd-H, CeZr-H, CeGd-L et enfin Ce-H. L'addition de CO_2 permet de diminuer encore l'écart avec l'équilibre thermodynamique. Les conversions relatives à CePr-H sont de 17% et 69% à 400°C et 600°C alors que la thermodynamique indique respectivement 25.4% et 78.1%.

Pour les catalyseurs imprégnés de nickel (**b**), 3 tendances distinctes sont observées. Pour Ni-Ce-H, on note une conversion de méthane croissante sur toute la gamme de température étudiée. Pour Ni-CeGd-L et -H, la conversion est très limitée jusqu'à 500°C et 575°C respectivement. Pour des températures supérieures, leurs conversions présentent les valeurs les plus importantes. Une telle dépendance de la température et du support a déjà été soulignée lors des tests en présence d'eau mais pour des températures inférieures de 425°C et 475°C pour les deux catalyseurs cités. La dernière tendance observée est attribuée à Ni-CePr-H et Ni-CeZr-H pour lesquels la présence de CO_2 semble inhiber quasiment totalement la conversion de méthane sur toute la gamme de température.

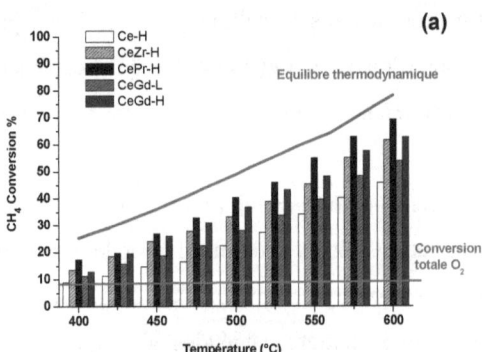

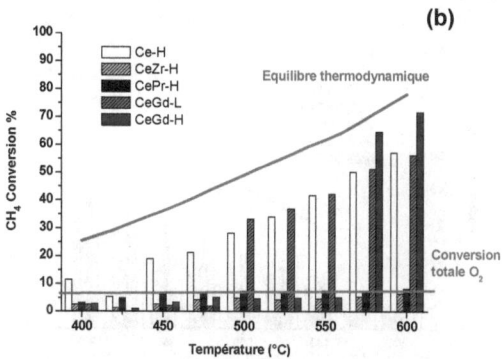

Figure 3-14 : Conversion du méthane en fonction de la température avec les catalyseurs imprégnés de platine (**a**) et de nickel (**b**). Mélange réactionnel $CH_4 : O_2 : H_2O : CO_2 = 15 : 2 : 20 : 5$. Flux total = 50 mL.min^{-1} avec argon comme gaz diluant

Pour les catalyseurs à base de platine, les sélectivités en CO sont très faibles jusqu'à 500°C. A plus haute température, l'augmentation des quantités d'hydrogène et de monoxyde de carbone est associée à la réaction de dry reforming du méthane (réaction 3-5). Une diminution de la sélectivité en CO à partir de 575°C couplée à une augmentation de la production d'hydrogène (malgré un écart qui augmente avec la thermodynamique par rapport à la tendance observée pour la conversion de méthane) est caractéristique de la réaction WGS.

La courbe de rendement en hydrogène des catalyseurs à base de nickel (Figure 3-15) est très dépendante du support et de la température. Les échantillons ne présentant pas de conversion en méthane supérieure à l'équivalent de la consommation totale d'oxygène ne présente aucune production d'hydrogène (Ni-CePr-H & Ni-CeZr-H). Concernant Ni-Ce-H, le rendement en hydrogène ne suit pas un profil activé en température. A haute température, une diminution des valeurs est observée par rapport aux tests en présence d'eau.

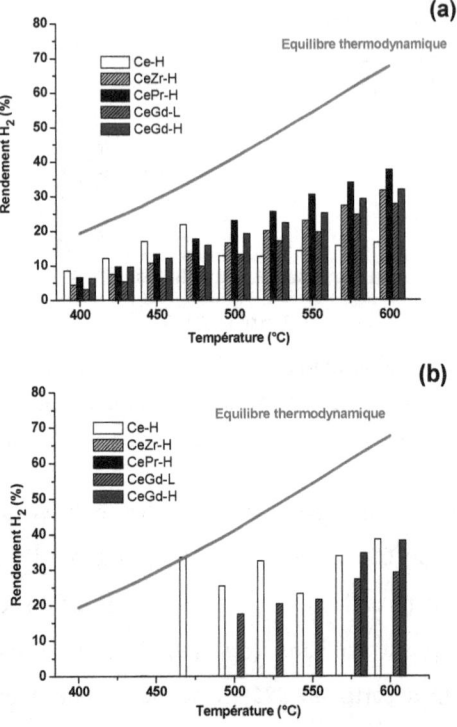

Figure 3-15 : Rendement en hydrogène en fonction de la température avec les catalyseurs imprégnés de platine (**a**) et de nickel (**b**). Mélange réactionnel $CH_4 : O_2 : H_2O : CO_2 = 15 : 2 : 20 : 5$. Flux total = 50 mL.min^{-1} avec argon comme gaz diluant

L'ajout simultané d'eau et de dioxyde de carbone propose un effet différent sur les balances de carbone pour tous les catalyseurs. Comme le démontre la Figure 3-16, les catalyseurs sélectifs à base de nickel présentent des balances de carbone faibles quelque soit la formulation. Différemment, la nature du support a un effet très marqué sur la balance de carbone des catalyseurs imprégnés de platine. Par exemple pour une iso-conversion de 10%, Pt-Ce-H est le plus sujet au dépôt d'espèces carbonées (Z=0.82) alors qu'un dopage par le zirconium (Z=0.97) ou le gadolinium (Z=0.94) permet de limiter cette accumulation de carbone ce qui en fait ainsi les catalyseurs les plus intéressants.

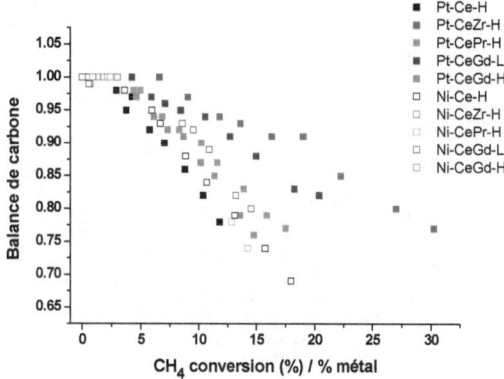

Figure 3-16 : Evolution de la balance de carbone en fonction du rapport (CH$_4$ conversion / % métal) pour les catalyseurs imprégnés de platine et de nickel. Mélange réactionnel CH$_4$: O$_2$: H$_2$O : CO$_2$ = 15 : 2 : 20 : 5. Flux total = 50 mL.min^{-1} avec argon comme gaz diluant

VI.2 Régime transitoire

Une analyse en régime transitoire a été menée afin comprendre quelles sont les réactions qui interviennent lors des premiers instants. Pour cela, 6 catalyseurs choisis parmi les 10 sélectionnés après les tests préliminaires ont été soumis à un flux réactionnel contenant uniquement du méthane dilué. Le mode opératoire est détaillé dans la partie expérimentale. Pour rappel, les catalyseurs sont régénérés sous air pendant une heure puis soumis au flux réactionnel. L'évolution des concentrations des différents produits est suivie par spectrométrie de masse. La Figure 3-17 présente l'évolution des concentrations en hydrogène, monoxyde de carbone et dioxyde de carbone pour les catalyseurs Pt-Ce-H (**a**), Ni-Ce-H (**b**), Pt-CePr-H (**c**), Ni-CePr-H (**d**), Pt-CeGd-H (**e**) et Ni-CeGd-H (**f**). Ces 6 catalyseurs ont été choisis pour mettre en évidence l'influence du dopant et du métal.

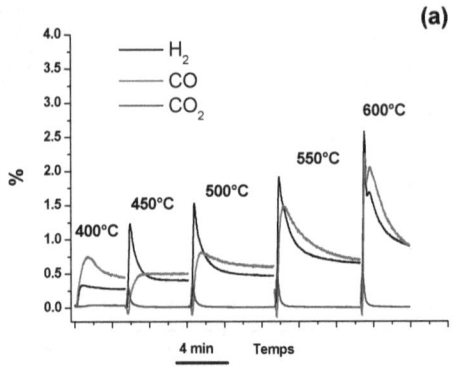

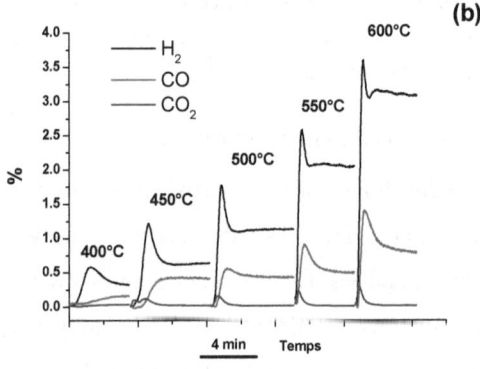

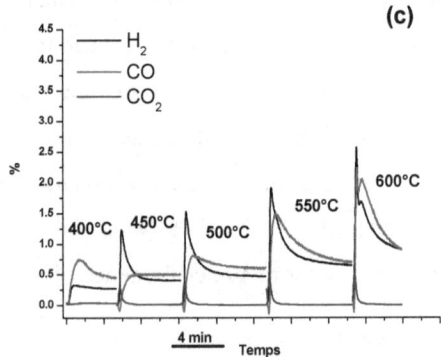

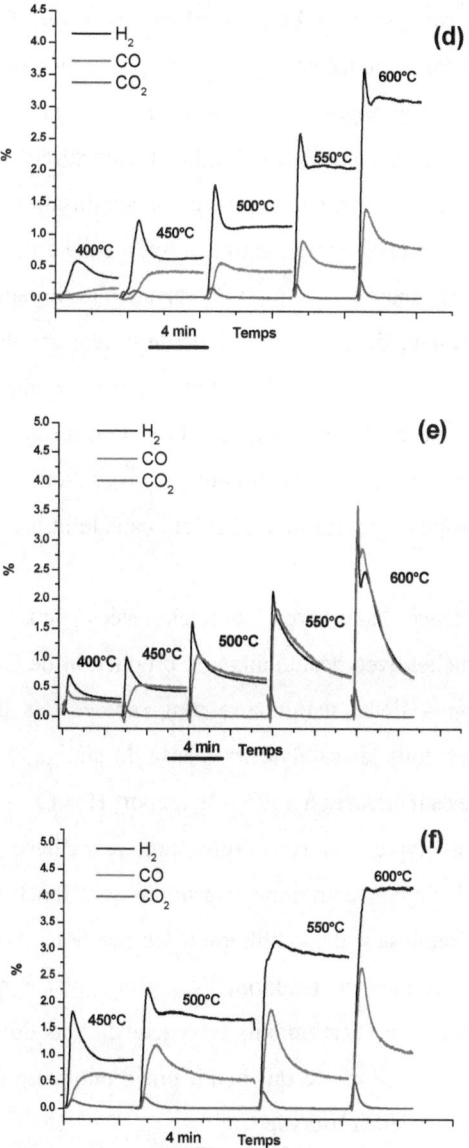

Figure 3-17 : Evolution des concentrations en H_2, CO et CO_2 en fonction du temps pour les catalyseurs Pt-Ce-H (**a**), Ni-Ce-H (**b**), Pt-CePr-H (**c**), Ni-CePr-H (**d**), Pt-CeGd-H (**e**) et Ni-CeGd-H (**f**). Mélange réactionnel: 5% CH_4. Flux total = 50 mL.min^{-1} avec argon comme gaz diluant

Pour les catalyseurs à base de platine et à 400°C, la production d'hydrogène est faible et accompagnée d'une production de CO. Lorsque la température d'analyse augmente, on observe une production d'hydrogène très rapide dans les premières secondes de réaction suivie d'une diminution qui suit une tendance exponentielle avec une stabilisation après environ 2 minutes sous flux. La production initiale d'hydrogène est probablement due au craquage du méthane (réaction 3-3). Par la suite, le rapport H_2 / CO se stabilise à une valeur de 1 caractéristique de la réaction de dry reforming (réaction 3-5). Cette hypothèse est confirmée par le décalage dans le temps observé entre les productions de CO_2 et CO. A l'entrée du lit catalytique, le dioxyde de carbone est d'abord produit par oxydation totale du méthane puis est converti par dry reforming plus loin dans le lit produisant ainsi des gaz de synthèse.

Des tendances similaires sont observées pour les catalyseurs imprégnés de nickel avec néanmoins une production de CO plus faible et une stabilisation à l'état stationnaire plus rapide. Ces différences sont observables entre tous les catalyseurs à base de platine et de nickel. Pour des températures supérieures à 450°C, le rapport H_2 / CO se stabilise à une valeur proche de 3 typique du steam reforming du méthane (réaction 3-4).

Les profils de concentration des produits sont fonction de la quantité d'oxygène du catalyseur disponible pour les réactions d'oxydation. Dans les premières secondes de réaction, l'oxygène présent à la surface du catalyseur participe à la réaction puis l'oxygène du bulk doit migrer jusqu'à la surface de l'échantillon ce qui induit une cinétique plus lente et cette diminution exponentielle observée.

VI.3 Test de stabilité

La stabilité d'un catalyseur dans le temps est un paramètre crucial lorsqu'il s'agit de développer un système dont le cahier des charges prévoit un fonctionnement de longue durée. Il est attendu d'une pile SOFC qu'elle puisse fonctionner pendant plusieurs centaines d'heures à température élevée. C'est pour cela que différents tests de stabilité dans le temps ont été menés.

La Figure 3-18 représente l'évolution dans le temps de la conversion en méthane sur 2 catalyseurs choisis à titre d'exemple, Pt-Ce-H et Ni-Ce-H, et sous 2 atmosphères différentes à une température de 500°C. Le graphique (**a**) correspond à l'atmosphère étudiée lors des tests préliminaires, c'est-à-dire 15% de CH_4 et 2% de O_2 dilué dans l'argon. Le graphique (**b**) est relatif au dernier mélange étudié en régime stationnaire comprenant CH_4, O_2, H_2O et CO_2 dans les proportions 15 : 2 : 20 : 5.

Quelque soit l'atmosphère et le catalyseur, on observe une conversion élevée lors des premières minutes de réaction suivie par une stabilisation dans le temps.

Sous le mélange CH_4/O_2 (**a**), les deux catalyseurs présentent une excellente stabilité durant les 24 heures de test.

Sous un mélange typique monochambre SOFC (**b**), les deux catalyseurs présentent là aussi une stabilité intéressante durant les 24 heures de test. On note cependant quelques valeurs plus élevées qui sont probablement des artéfacts expérimentaux liés à la stabilité de l'injection d'eau par la pompe HPLC.

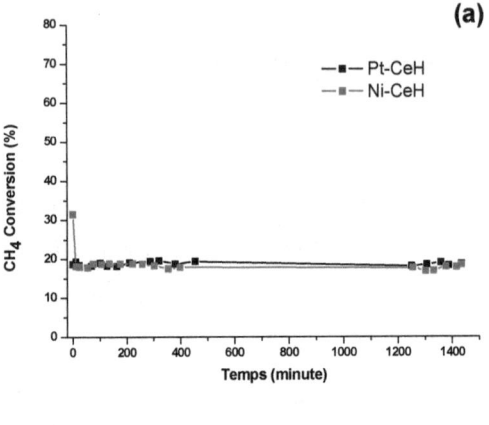

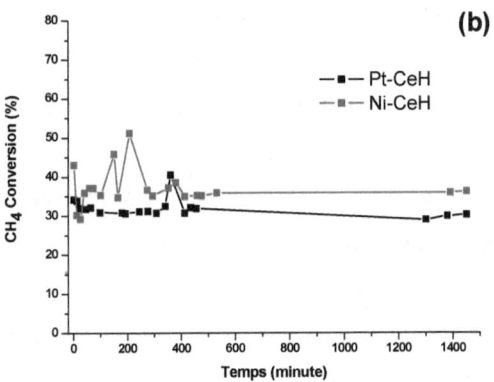

Figure 3-18 : Evolution de la conversion en méthane en fonction du temps pour les catalyseurs Pt-Ce-H et Ni-Ce-H sous les mélanges réactionnels $CH_4 : O_2 = 15 : 2$ (**a**) et $CH_4 : O_2 : H_2O : CO_2 = 15 : 2 : 20 : 5$ (**b**) et à T=500°C. Flux total = 50 mL.min^{-1} avec argon comme gaz diluant

Comme il a été dit en introduction des tests catalytiques, seulement 2% d'oxygène sont ajoutés systématiquement aux mélanges réactionnels afin de simuler la quantité apportée par l'électrolyte lors du fonctionnement de la pile.

Le test de stabilité suivant a donc été réalisé sous méthane dilué en absence d'oxygène afin de mettre en évidence l'influence de l'apport d'oxygène sur la réaction catalytique. La Figure 3-19 représente la conversion en méthane en fonction du temps pour Pt-Ce-H et Ni-Ce-H sous méthane dilué et à 500°C.

Les valeurs expérimentales sont beaucoup plus faibles que précédemment avec des maximums de 5.6% et 6.4% pour Ni-Ce-H et Pt-Ce-H dès 2 minutes sous flux. On observe ensuite une diminution brutale des conversions qui suivent une décroissance exponentielle en fonction du temps. Après 6 heures sous flux, les conversions sont très faibles et de l'ordre de 3%. Ces courbes paraboliques s'expliquent simplement par une oxydation du méthane très prononcée dès les premiers instants de réactions par l'oxygène disponible en surface du catalyseur puis par l'empoisonnement du matériau par un dépôt de carbone progressif par craquage du méthane. L'oxygène du bulk doit ensuite migrer en surface avec une cinétique plus lente.

Cette expérience démontre bien l'effet bénéfique et indispensable de seulement 2% d'oxygène dans les réactifs afin de garder une activité importante et une stabilité dans le temps.

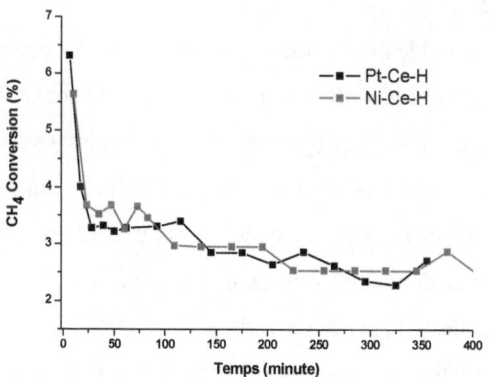

Figure 3-19 : Evolution de la conversion en méthane en fonction du temps pour les catalyseurs Pt-Ce-H et Ni-Ce-H sous CH_4 dilué et à T=500°C. Flux total = 50 mL.min^{-1} avec argon comme gaz diluant

Ces tests de stabilité démontrent que les catalyseurs supportés élaborés possèdent une stabilité très intéressante durant 24 heures. Bien que cette durée soit faible par rapport à celle du fonctionnement d'une pile, ces mesures laissent présager une utilisation possible de ces matériaux en tant que composé d'anode.

Par ailleurs, la présence d'un minimum d'oxygène semble être indispensable au maintien de l'activité. Cet oxygène devrait être apporté à l'état ionique par l'électrolyte en condition de fonctionnement et / ou à l'état gazeux dans le mélange réactionnel.

VII. Discussion

Les tests catalytiques développés dans ce chapitre ont mis en évidence de nombreux résultats en fonction des divers paramètres expérimentaux : composition de l'atmosphère de test, température, nature du métal imprégné, composition du support et surface spécifique. Ce paragraphe vise à expliquer les divers phénomènes observés.

De façon évidente, le métal imprégné est le composant le plus influent du catalyseur. En effet, il a été montré dans les tests préliminaires que tous les catalyseurs imprégnés de cuivre ne favorisent que la réaction de combustion du méthane et qu'ils ne produisent aucun gaz de synthèse quelque soit la température et la nature du support [2, 3]. Les catalyseurs à base de platine et de nickel sont quant à eux sélectifs pour la production d'hydrogène et de monoxyde de carbone. La production d'hydrogène sur un catalyseur à base de nickel est principalement réalisée par craquage du méthane (réaction 3-3) et accompagnée d'une faible balance de carbone due à la formation d'espèces carbonées en surface généralement sous forme de fibres [4]. Ces espèces carbonées sont plus ou moins oxydées par l'oxygène disponible dans le support. Cette quantité ainsi que la mobilité d'oxygène est dépendante du dopant de la cérine. Ainsi, l'échantillon Ni-CeZr-H présente la balance de carbone la plus élevée alors que Ni-CePr-H présente la plus faible, derrière Ni-Ce-H. Cette disparité est attribuée à la ségrégation de cations Pr à la surface du support du à une redistribution de ces cations durant l'étape d'élaboration [5] comme il a été démontré par *Sadykov et al* [6]. Cette explication, associée au fait de pouvoir avoir le cation Pr à l'état +4 peut expliquer une diminution des lacunes d'oxygène et ainsi une baisse de la quantité d'oxygène disponible en en surface du catalyseur.

Cette accumulation de dépôt en surface du catalyseur est moins prononcée sur les catalyseurs à base de platine. Cela s'explique par une oxydation des dépôts préférentiellement en espèces carbonates du type CHOx. Le mécanisme de dissociation du méthane sur un catalyseur du type Pt-CeO_2 a été mis en évidence précédemment à l'IRCELyon par *Odier et al* [7] (Figure 3-20). Il démontre clairement que l'oxygène disponible au sein du support permet d'oxyder les dépôts carbonés sur le métal par spillover inverse et que des espèces formiates ($HCCO^-$) et carbonates (CO_3^{2-}) sont préférentiellement formées.

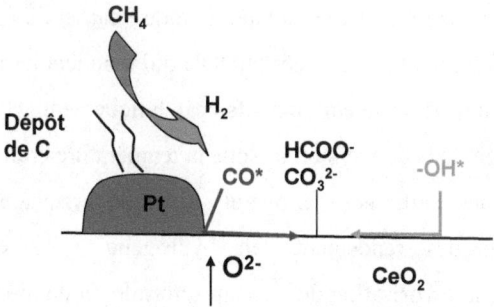

Figure 3-20 : Représentation du mécanisme réactionnel relatif à la réaction du méthane sur un catalyseur imprégné de platine

La présence d'eau a permis de doubler les conversions en méthane et les rendements en hydrogène pour les catalyseurs de platine ce qui peut s'expliquer de la manière suivante :

le dépôt de carbone (sous forme CHx) présent sur les particules de platine est oxydé par l'oxygène provenant du bulk du support pour former du CO adsorbé sur le platine qui va réagir avec des espèces hydroxyles présentes sur le support pour former des espèces formiates et carbonates précédemment citées [7]. La dissociation de l'eau en espèces hydroxyles ($2O^* + H_2O = 2OH^*$) sur le support permet d'apporter une quantité d'oxygène supplémentaire à la formation de ces espèces (Figure 3-21a). En considérant l'étude menée par *Odier et al*, il n'y a pas d'hydroxyle formé sur le platine. On peut donc dire que plus la mobilité de la maille d'oxygène du support sera important, plus les espèces hydroxyles seront disponibles et donc le dépôt de carbone oxydé. Cela est expérimentalement confirmé par les valeurs maximales et minimales de balances de carbone pour CeZr-H et Ce-H en accord avec leur mobilité d'oxygène [8].

La présence de vapeur d'eau au contact d'un catalyseur imprégné de nickel provoque une inhibition totale de la production d'hydrogène pour des gammes de températures variables selon la nature du support. La réduction de l'oxyde de nickel NiO en nickel métallique Ni n'a pas lieu en présence d'eau par l'adsorption compétitive de l'eau et du méthane [9] sur Ni et / ou NiO formant des espèces NiOOH qui bloquent les accès aux sites de réaction qui deviennent inactifs catalytiquement (Figure 3-21b). L'augmentation de la conversion lorsque la température croît est attribuée à la réduction des particules de nickel suivie du craquage du méthane. L'amélioration des rendements en hydrogène à haute température s'explique par la favorisation du « steam reforming » du méthane (réaction 3-4) réalisé grâce à l'adsorption dissociative de l'eau sur le support [10] selon la réaction $2H_2O^* = 2OH^* + H_2$ avec H_2O^* une molécule d'eau adsorbée (Figure 3-21c). Cette réaction produit de l'hydrogène et des espèces hydroxyles disponibles pour oxyder le dépôt de carbone. Par ailleurs, le déplacement de ces espèces -OH vers le métal empoisonné est amélioré par une haute mobilité d'oxygène du support en accord avec la valeur maximale de balance de carbone pour le support CeZr-H.

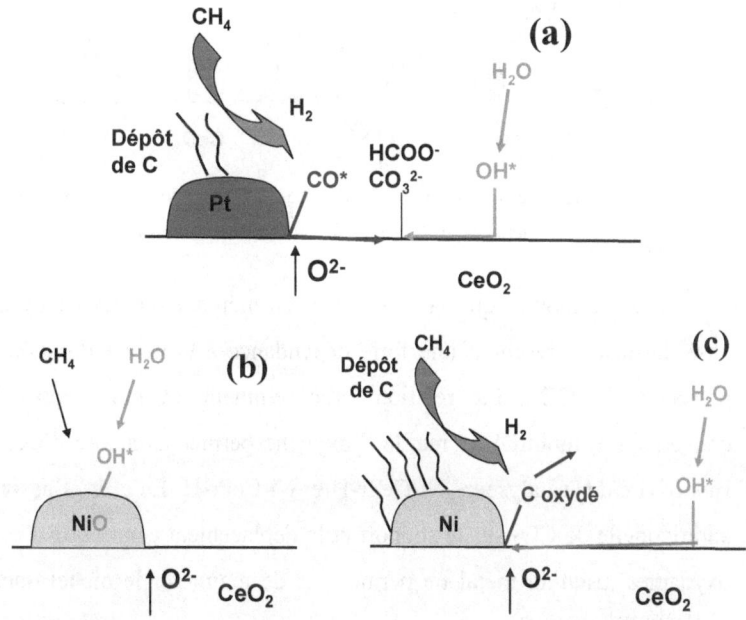

Figure 3-21 : Influence de la présence d'eau sur le mécanisme réactionnel d'un catalyseur imprégné de platine (**a**) et imprégné de nickel à basse (**b**) et haute température (**c**)

L'adsorption du dioxyde de carbone sur le cation du support est possible et amène à la formation d'espèces carbonates monodentate et bidentate comme il a été démontré dans notre laboratoire par *Thinon et al* [10] (Figure 3-22). Ces espèces sont capables, en fonction de la mobilité liée à l'oxygène du support, de venir oxyder les dépôts CHx présents sur le métal. Cette participation de la maille d'oxygène est suggérée par la Figure 3-16 où le catalyseur à base de platine avec le taux de dopant le plus important (Pt-CeZr-H) présente la balance de carbone la plus élevée contrairement à Pt-Ce-H, catalyseur pour lequel la mobilité d'oxygène est réduite.

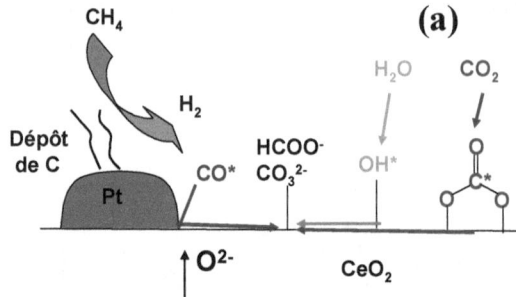

Figure 3-22 : Influence de la présence simultanée d'eau et dioxyde de carbone sur le mécanisme réactionnel d'un catalyseur imprégné de platine (**a**)

Il a été montré que la conversion en méthane sur les catalyseurs à base de nickel présentait une forte dépendance à la nature du support en présence de CO_2. La relation précédemment évoquée entre haute conversion et mobilité de maille d'oxygène permet là encore d'expliquer l'inactivité des catalyseurs Ni-CeZr-H et Ni-CePr-H. En effet, l'adsorption additionnelle de CO_2 sur le support et le déplacement consécutif d'espèces oxydantes jusqu'au métal ne permet pas de maintenir le nickel dans son état métallique actif pour la production de gaz de synthèse.

VIII. Caractérisation post-test

Les tests catalytiques décrits précédemment ont démontré que certains des catalyseurs étudiés remplissent le cahier des charges initial : actifs pour la conversion des hydrocarbures et sélectifs pour la production de gaz de synthèse.

Il convient cependant de se demander si les catalyseurs subissent des modifications durant les tests et si ces possibles évolutions seront préjudiciables pour les performances. Ainsi, parmi les différents tests réalisés, il semble que l'eau, connue pour être un agent frittant des céramiques, soit le principal facteur qui puisse modifier de façon importante le comportement des catalyseurs. En effet, les tests catalytiques menés en présence d'eau ont montré des conversions et rendements parfois irréguliers.

VIII.1   Mesure de surface spécifique

Afin de mettre en évidence un possible effet de l'eau, tous les catalyseurs soumis au mélange CH_4 / O_2 / H_2O (§ VI.1.2) ont été récupérés après analyse et leurs surfaces spécifiques ont été mesurées par analyse BET. La Figure 3-23 représente l'évolution de la surface spécifique pour les catalyseurs imprégnés de platine et de nickel à différentes étapes de l'étude : tout d'abord le support seul, après imprégnation du métal et calcination, et enfin après les tests catalytiques en présence d'eau.

Deux tendances sont principalement observées :

Les catalyseurs à basse surface spécifique initiale (14 $m^2.g^{-1}$ et noté - L) ne subissent aucune modification quelque soit le métal imprégné.

Les catalyseurs à haute surface spécifique présentent une chute très importante des valeurs BET. Quelle que soit la valeur initiale, la présence de 20% d'eau dans le mélange réactionnel fait chuter la surface spécifique dans la gamme 25-50 $m^2.g^{-1}$. Les diminutions les plus faible et plus importante sont attribuées respectivement à Ni-CeZr-H avec seulement 38% et Ni-CePr-H avec près de 13% de la valeur S_{BET} après imprégnation et calcination. Il semble que le métal ne soit pas un paramètre influant majoritairement sur l'évolution de la surface spécifique.

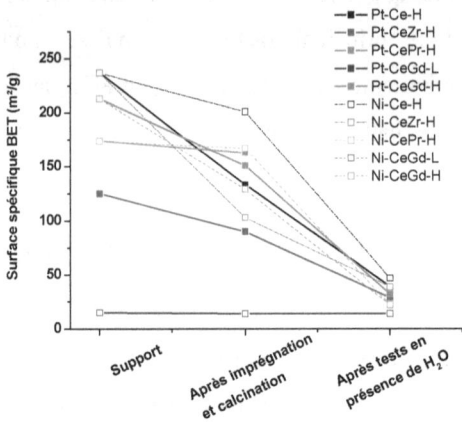

Figure 3-23 : Influence de la présence d'eau dans le mélange réactionnel sur la surface
spécifique des catalyseurs imprégnés de platine et de nickel

VIII.2   Microscopie électronique à balayage

Une autre méthode de caractérisation telle que l'analyse par microscopie à
balayage a été utilisée pour observer un possible effet de l'eau sur les
particules de catalyseurs. L'étude sur Pt-Ce-H est ici développée à titre
d'exemple pour les autres matériaux testés.

La Figure 3-24 représente deux clichés MEB du catalyseur Pt-Ce-H après
élaboration (**a**) et après test catalytique en présence d'eau (**b**).

Le cliché (**a**) est détaillé dans le § V.3. Le cliché (**b**) présente un matériau
possédant des formes beaucoup plus rectilignes que précédemment. Cette
modification est caractéristique d'un frittage du matériau sous l'effet de
l'eau ce qui confirme la diminution de la surface spécifique observée au
paragraphe précédent.

Figure 3-24 : Clichés MEB du catalyseur Pt-Ce-H après élaboration (**a**) et après tests
catalytiques en présence d'eau (**b**)

Ces caractérisations post-test démontrent que les conditions opératoires et
en particulier la présence d'eau dans le mélange réactionnel peuvent
induire des modifications structurales des catalyseurs. Cette baisse de
surface spécifique pourrait s'avérer préjudiciable à terme pour l'application
visée. Cependant, comme détaillé § III, il est envisagé d'insérer ces
catalyseurs au sein d'une matrice (le cermet) ce qui devrait diminuer cet
effet de frittage.

IX. Conclusion

Une bibliothèque de 15 catalyseurs supportés a été élaborée par imprégnation humide d'un métal sur des supports à base de cérine. Les diverses caractérisations ont montré que les supports sont parfaitement cristallins et que le métal est imprégné de façon uniforme uniquement sur la surface du support en particules sphériques nanométriques. Après élaboration, les catalyseurs -H présentent des surfaces spécifiques supérieures à 90 m².g^{-1}. L'effet bénéfique de la présence d'un métal en surface sur la réduction du catalyseur a été mis en évidence par les analyses TPR. Toutes ces observations font de ces matériaux des catalyseurs intéressants pour l'obtention de bonnes performances.

Une approche combinatoire a permis d'étudier de façon systématique les propriétés catalytiques des 15 matériaux pour une utilisation en tant que composé d'anode pour la configuration monochambre SOFC dans la gamme de température dite intermédiaire ($\approx$ 600°C). Une série de tests préliminaires menés sous un mélange CH_4 / O_2 a permis de faire une première sélection de matériaux actifs pour la conversion du méthane et sélectifs pour la production de gaz de synthèse comprenant uniquement les catalyseurs imprégnés de platine et de nickel. Cette première étape a mis en évidence qu'une imprégnation de cuivre ne permet pas d'obtenir un matériau sélectif, ces matériaux ont donc été écartés pour la suite de l'étude. Les tests catalytiques suivants, réalisés en modifiant le flux réactionnel par addition d'eau et de dioxyde de carbone (afin d'obtenir un flux réaliste monochambre SOFC également assimilé à la composition d'un biogaz), ont montré que les catalyseurs étudiés doivent être soigneusement choisis en fonction du mélange injecté et de la température de fonctionnement afin d'optimiser la conversion d'hydrocarbure et la production d'hydrogène. Les analyses en régime transitoire ont démontré que le platine et le nickel favorisent respectivement les réactions de dry et steam reforming du méthane alors que des tests de stabilité ont révélé une excellente tenue dans le temps et la présence indispensable d'une quantité minimale d'oxygène. Une caractérisation post-test a montré une diminution significative de la surface spécifique des catalyseurs à haute S_{BET} initiale. L'influence de cette modification structurale devrait cependant être moins prononcée lorsque les catalyseurs seront insérés dans la matrice anodique.

X. Références bibliographiques

[1]   J. Beckers and G. Rothenberg, Dalton Trans., (2008) 6573.
[2]   H. Kim, C. Lu, W.L. Worrell, J.M. Vohs and R.J. Gorte, J. Electrochem. Soc., 149 (2002) A247.
[3]   A. Sin, E. Kopnin, Y. Dubitsky, A. Zaopo, A.S. Arico, D. La Rosa, L.R. Gullo and V. Antonucci, J. Power Sources, 164 (2007) 300.
[4]   T. Takeguchi, Y. Kani, T. Yano, R. Kikuchi, K. Eguchi, K. Tsujimoto, Y. Uchida, A. Ueno, K. Omoshiki and M. Aizawa, J. Power Sources, 112 (2002) 588.
[5]   M.P. Rodriguez-Luque, J.C. Hernandez, M.P. Yeste, S. Bernal, M.A. Cauqui, J.M. Pintado, J.A. Perez-Omil, O. Stephan, J.J. Calvino and S. Trasobares, The Journal of Physical Chemistry C, 112 (2008) 5900.
[6]   V.A. Sadykov, Yulia V. Frolova, Y.V. Frolova, G.M. Alikina, A.I. Lukashevich, V.S. Muzykantov, V.A. Rogov, E.M. Moroz, D.A. Zyuzin, V.P. Ivanov, H. Borchert, E.A. Paukshtis, V.I. Bukhtiyarov, V.V. Kaichev, S. Neophytides, E. Kemnitz and K. Scheurell, Reaction Kinetics and Catalysis Letters, 86 (2005) 21.
[7]   E. Odier, Y. Schuurman and C. Mirodatos, Catal. Today, 127 (2007) 230.
[8]   M. Salazar, D.A. Berry, T.H. Gardner, D. Shekhawat and D. Floyd, Applied Catalysis A: General, 310 (2006) 54.
[9]   N. Laosiripojana, D. Chadwick and S. Assabumrungrat, Chem. Eng. J., 138 (2008) 264.
[10]   O. Thinon, K. Rachedi, F. Diehl, P. Avenier and Y. Schuurman, Top. Catal. 52 (2009) 1940.

Chapitre 4

Demi-cellule symétrique Ni-GDC/GDC/Ni-GDC : Performances électrocatalytiques - Effet d'un catalyseur de reformage à l'anode

Impact of reforming catalyst on the anodic polarisation resistance in single-chamber SOFC fed by methane, C. Gaudillère, P. Vernoux, D. Farrusseng, **Electrochemistry Communications**, DOI: 10.1016/j.elecom.2010.07.010

I. Introduction

Ce chapitre présente l'étude électrocatalytique réalisée sur des demi-cellules symétriques anode / électrolyte / anode en condition monochambre pour des températures comprises entre 400°C et 650°C. L'aspect innovant de cette étude réside dans le couplage de mesures électriques par spectroscopie d'impédance complexe à des mesures catalytiques par analyse chromatographique. L'impact d'un catalyseur de reformage (Chapitre 3) à l'anode sur les propriétés électrochimiques sera détaillé.

La première partie de ce chapitre détaille la caractérisation des matériaux choisis ainsi que la mise en forme des cellules symétriques. Un cermet conventionnel Ni-GDC a été choisi pour l'anode. La seconde partie présente les différents tests menés dans la même optique que les tests catalytiques présentés au chapitre précédent ; c'est-à-dire étudier tout d'abord la réponse (ici électrique et catalytique) des échantillons sous une atmosphère simple constituée de méthane et d'oxygène, puis observer l'influence de la présence d'eau et de dioxyde de carbone afin de se rapprocher des conditions réalistes monochambre. Ces tests ont été menés sur des demi-cellules symétriques anodiques Ni-GDC/GDC/Ni-GDC comme référence puis avec le catalyseur Pt-Ce-H inséré dans l'anode. La partie résultat rapporte les observations expérimentales qui sont discutées dans la section suivante. Enfin, la dernière partie de ce chapitre permet de conclure sur le bien-fondé du couplage des deux techniques et les diverses orientations à donner pour les études futures.

II. Choix des matériaux de la demi-cellule

Le Chapitre 1 a montré que le cermet était toujours une anode adaptée à un fonctionnement en condition monochambre. Toutes les études réalisées mettent en évidence l'utilisation du nickel en tant que collecteur de courant et la cérine dopée par du gadolinium ou du samarium en tant que conducteur ionique. Le nickel a donc été logiquement choisi. Concernant la céramique, le choix s'est porté sur la cérine à basse surface spécifique (15 m².g^{-1}) dopée à 10% d'oxyde de gadolinium développée et commercialisée par Rhodia.

II.1 Caractérisation des matériaux sélectionnés

Avant toute mise en forme, la caractérisation (texturale et structurale) des matériaux choisis est réalisée. En effet, il est nécessaire de savoir si les phases étudiées sont pures, quelles sont les tailles de grains et les surfaces spécifiques. Ces paramètres influent sur le choix des conditions de mise en forme (temps et température de calcination) et sur le protocole de fabrication.

Ainsi, les poudres d'oxyde de nickel et de cérine dopée à l'oxyde de gadolinium ont été caractérisées par diffraction des rayons X, microscopie électronique à balayage et granulométrie laser.

II.1.1 Oxyde de nickel (NiO)

L'oxyde de nickel choisi est fourni par Sigma-Aldrich (référence 244031). L'analyse par diffraction des rayons X (Figure 4-1) révèle une poudre parfaitement cristallisée sans aucune phase parasite.

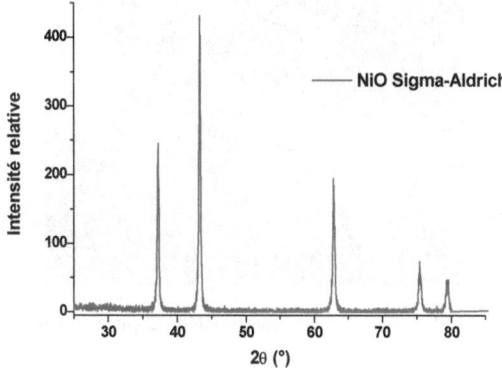

Figure 4-1 : Diffractogramme X de la poudre NiO fournie par Sigma-Aldrich (référence 244031)

L'observation conjointe des analyses par microscopie électronique à balayage et par granulométrie laser apporte les informations essentielles sur la morphologie de la poudre d'oxyde de nickel. Ainsi, on peut dire que la poudre est agglomérée en amas de particules sphériques de 5 µm et plus ce qui est confirmé par la granulométrie laser qui montre une unique population parfaitement centrée sur une taille d'environ 10 µm.

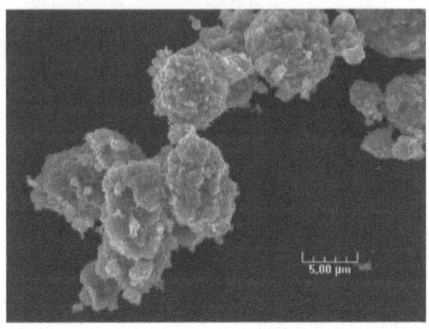

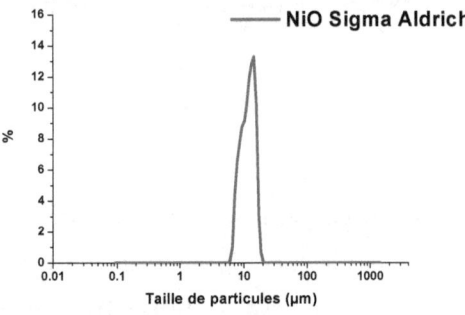

Figure 4-2 : Cliché MEB de la poudre NiO Sigma Aldrich (x3500) et répartition de la taille des particules par granulométrie laser

II.1.2 Cérine dopée à l'oxyde de gadolinium (GDC 10% Rhodia)

La poudre céramique GDC choisie est fournie par Rhodia et correspond à la poudre utilisée pour l'élaboration des catalyseurs -CeGd-L (Chapitre 3, § V.1). La surface spécifique mesurée par adsorption d'azote à 77K a donné une valeur de 15 m².g^{-1}.

De façon similaire à la poudre d'oxyde de nickel, la caractérisation par diffraction des rayons X démontre (Figure 4-3) que la poudre est cristalline et qu'elle ne contient aucune phase parasite.

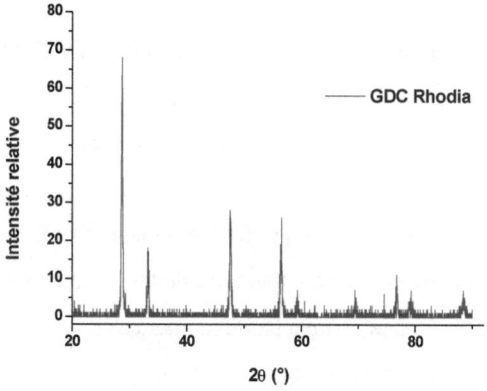

Figure 4-3 : Diffractogramme X de la poudre GDC fournie par Rhodia

L'analyse par microscopie électronique à balayage (Figure 4-4) révèle des particules agrégées en amas de tailles comprises entre 10 et 20 μm. L'analyse des tailles de particules par granulométrie laser (Figure 4-4) révèle une distribution tri modale avec une majorité des particules ayant une taille moyenne de 0.5 μm, une seconde population avec une taille moyenne de 1.5 μm et enfin une dernière famille beaucoup moins conséquente centrée autour de 15 μm environ. Ces observations sont consistantes avec les observations par microscopie électronique à balayage.

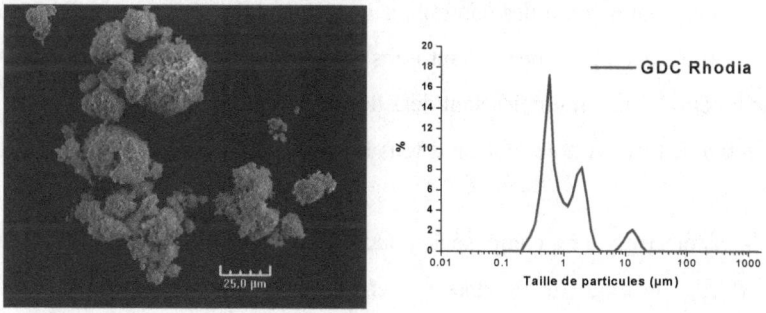

Figure 4-4 : Cliché MEB de la poudre GDC Rhodia (x700) et répartition de la taille des particules par granulométrie laser

II.1.3 Catalyseur de reformage anodique

La partie bibliographique a montré qu'une pile SOFC en configuration monochambre alimentée par un hydrocarbure nécessite l'ajout d'un catalyseur pour d'obtenir des rendements acceptables.

Les tests catalytiques présentés au Chapitre 3 permettent de sélectionner le(s) catalyseur(s) adéquat(s) à un flux monochambre. Les catalyseurs à base de nickel ont été écartés compte tenu de leur grande sensibilité pour la désactivation en présence d'eau à basse température.

Ainsi, Pt-Ce-H est le catalyseur qui a été choisi pour la suite de l'étude.

III. Demi-cellule symétrique NiO-GDC / GDC / NiO-GDC : Mise en forme

Comme détaillé en introduction de ce mémoire, la mise en forme des empilements est une étape cruciale dont dépendent les performances globales de la pile. Dans cette étude, différents protocoles ont été testés afin de trouver la méthode d'élaboration la plus fiable et la plus simple à mettre en œuvre.

La partie expérimentale de ce mémoire a démontré que les analyses par spectroscopie d'impédance nécessitaient une configuration de mesure à 2 électrodes compte tenu des contraintes expérimentales. Pour ce faire, il est nécessaire de réaliser des échantillons symétriques anode / électrolyte / anode. Différents protocoles sont détaillés dans la littérature, nous en avons sélectionné trois. A noter que dans tous les cas :

- L'électrolyte est composé de poudre GDC 10% Rhodia.
- Un mélange de poudres contenant les poudres NiO, GDC 10% Rhodia et parfois un agent porogène est réalisé par agitation durant 3 heures au broyeur à billes et constitue le « mélange anodique ».

Ce § III donne un exemple associé à chaque protocole de mise en forme étudié.

III.1 Co-pressage & co-frittage

Le co-pressage co-frittage est la première voie qui a été envisagée pour mettre en forme les empilements symétriques. Il s'agit d'une méthode simple à mettre en œuvre qui consiste à co-presser différentes poudres les unes sur les autres puis à les fritter selon le même cycle thermique. Cette méthode de mise en forme possède l'avantage de pouvoir moduler l'épaisseur des différentes couches en modifiant simplement les quantités de poudres utilisées.

De la poudre GDC 10% Rhodia est pressée entre deux couches de poudres de « mélange anodique » sous 200MPa afin d'obtenir une pastille symétrique crue manipulable. L'ensemble est ensuite fritté à 1300°C pendant 6 heures sous air. Ainsi, l'électrolyte est densifié et les agents porogènes de l'anode sont évacués et laissent place à un réseau poreux.

Le cliché MEB de la Figure 4-5 représente une interface anode/électrolyte après frittage. On note que l'électrolyte, sur la droite, est correctement densifié et que l'anode, sur la gauche, est poreuse et homogène. On observe également que l'adhérence entre les deux couches est correcte.

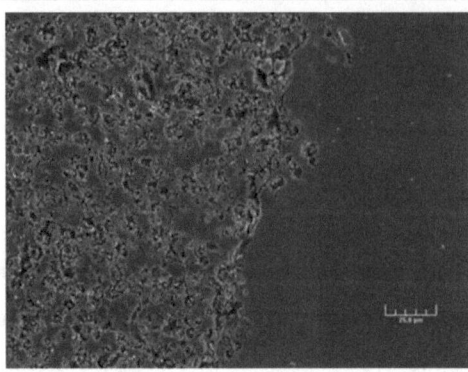

Figure 4-5 : Cliché MEB d'une interface anode/électrolyte NiO-GDC/GDC (x650). Echelle 25μm. Echantillon réalisé par co-pressage & co-frittage

Malgré des caractéristiques appropriées, les tests ont montré qu'il était très compliqué d'obtenir de façon régulière des échantillons qui ne soient ni fissurés ni délaminés après frittage (Figure 4-6).

Afin de remédier à cela, de nombreux essais ont été menés en modifiant la pression de co-pressage, les conditions opératoires du cycle de co-frittage, les masses de poudres etc mais aucune amélioration significative n'a été obtenue. Ainsi, une autre méthode a du être envisagée.

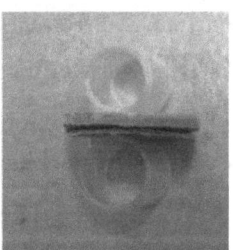 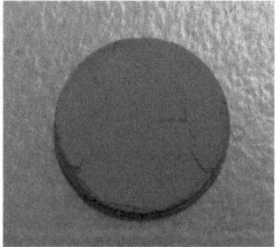

Figure 4-6 : Photographies d'un empilement électrolyte/anode délaminé après frittage à 1300°C pendant 6 heures (à gauche) et de la surface fissurée d'une anode (à droite). Empilement mis en forme par co-pressage co-frittage

III.2 Dépôt de barbotine sur anode support

Comme détaillé précédemment, un empilement « anode support » possède une stabilité mécanique limitée mais un électrolyte avec une épaisseur réduite permettrait d'abaisser la température de fonctionnement, ce qui constitue un des objectifs de l'étude.

La mise en forme d'échantillons « anode support » implique l'obtention d'une anode NiO-GDC pré-frittée manipulable sur laquelle est déposée une barbotine du matériau d'électrolyte. Dans cette optique, une masse connue de « mélange anodique » est pressée sous 200 MPa puis frittée pendant 2 heures à 1000°C. Une barbotine contenant le matériau d'électrolyte est ensuite réalisée, déposée sur l'anode puis l'ensemble est fritté à 1500°C pendant 6 heures sous air. Dans l'exemple présenté ici, la barbotine est constituée de 60% massique de poudre GDC 10% et de 40% de liant et dispersant.

Une interface électrolyte/anode est représentée Figure 4-7. On note que l'anode est poreuse, l'adhérence entre les 2 couches est correcte (confirmée par l'absence de délamination au niveau macroscopique). Malheureusement, on observe un électrolyte présentant une porosité trop importante et une surface très irrégulière. Cela provient des caractéristiques physico-chimiques non optimisées de la barbotine.

Compte tenu de la difficulté à trouver une barbotine d'électrolyte dont les propriétés permettent un dépôt correct pour l'obtention d'un électrolyte dense, cette voie d'élaboration a également été abandonnée. Par ailleurs, même si un protocole avait été trouvé, le dépôt de la seconde couche anodique aurait été problématique.

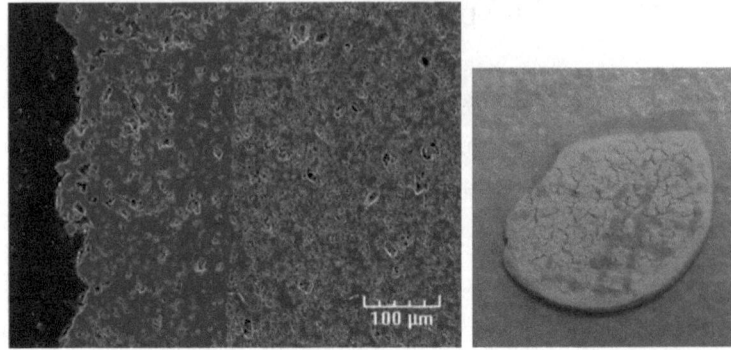

Figure 4-7 : Cliché MEB d'une interface électrolyte/anode GDC/NiO-GDC (x250) (à gauche) et
photographie de la surface de l'électrolyte GDC non homogène et fissurée (à droite).
Empilement mis en forme par dépôt de barbotine sur une anode NiO-GDC

III.3 Dépôt de barbotine sur électrolyte support

La dernière solution envisagée est le dépôt de barbotine sur électrolyte
support, c'est-à-dire que l'électrolyte est l'élément le plus épais de
l'empilement et lui confère sa stabilité mécanique.

Un électrolyte dense est réalisé par pressage de poudre GDC 10% puis
frittage pendant 6 heures à 1500°C sous air. Une barbotine du mélange
anodique (dans l'exemple proposé l'agent porogène est l'amidon) est
réalisée par ajout de polyéthylène glycol. Un dépôt à la main est réalisé sur
une face de l'électrolyte dense puis calciné pendant 3 heures à 800°C afin
d'éliminer les liants organiques. Une température particulièrement basse de
800°C a été choisie pour calciner l'anode dans l'optique de minimiser le
frittage du catalyseur à haute surface spécifique qui sera ensuite intégré au
« mélange anodique ».

Après la calcination, l'étape est réitérée sur la seconde face de l'électrolyte.
A noter que cette voie d'élaboration possède l'avantage d'être simple à
mettre en œuvre, reproductible et flexible. Les détails de cette méthode de
mise en forme sont donnés dans le Chapitre 2.

La Figure 4-8 présente une photographie vue de dessus d'une pastille dense de GDC (à gauche sur l'image) après le cycle de frittage à 1500°C pendant 6 heures. Son diamètre est de 11 mm et son épaisseur 0.9 mm. Cette pastille sert d'électrolyte support pour le dépôt de la barbotine du mélange anodique sur les 2 faces. Un dépôt après calcination à 800°C pendant 3 heures est présenté sur la droite de la photographie. On peut observer un dépôt régulier qui ne montre aucune fissure.

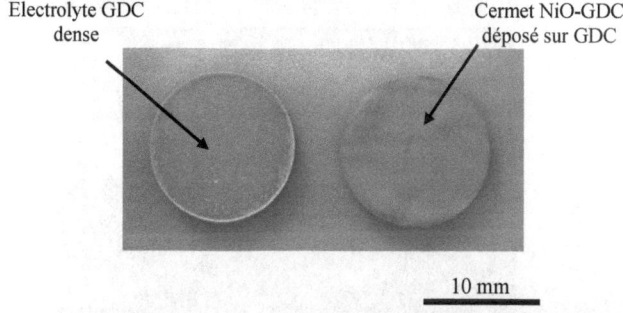

Figure 4-8 : Photographie vue de dessus d'une pastille GDC dense frittée 6 heures à 1500°C (à gauche) et du cermet NiO-GDC déposé sur le même électrolyte dense et après calcination 3 heures à 800°C (à droite). Empilement mis en forme par dépôt de barbotine.

La Figure 4-9 présente les clichés MEB d'un empilement symétrique réalisé par dépôt de barbotine sur électrolyte support (**a**) et d'une interface anode / électrolyte associée (**b**). Le cliché (**a**) montre un électrolyte ayant une épaisseur d'environ 500 µm. Les 2 anodes sont déposées de façon régulière sur toute la surface de l'échantillon, ont une épaisseur d'environ 100 µm et présentent une porosité importante. Le cliché (**b**) confirme que la porosité (remplie par la résine de préparation de l'échantillon MEB) est bien présente et atteste de la bonne adhérence à l'interface anode/électrolyte, confirmant les observations macroscopiques précédentes.

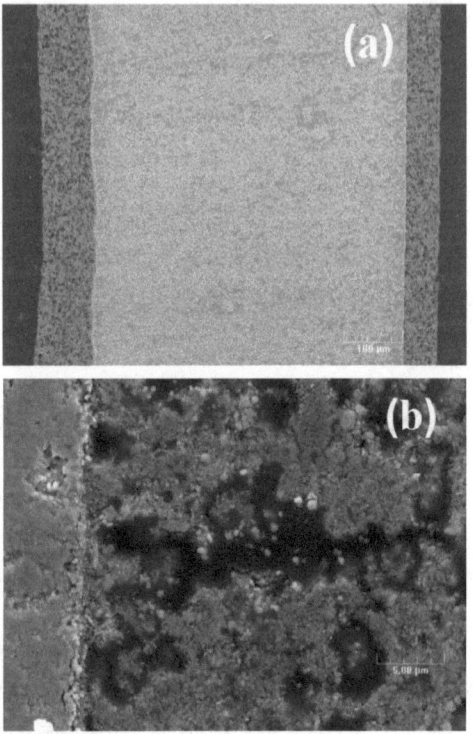

Figure 4-9 : Clichés MEB d'un empilement NiO-GDC / GDC/ NiO-GDC (x150) (**a**) et d'une interface GDC / NiO-GDC (x3500) (**b**)

Une analyse microsonde a été réalisée sur une section de l'anode pour connaître la répartition des différents éléments. La Figure 4-10 détaille les cartes de répartition pour le nickel (**a**), le cérium (**b**) et le gadolinium (**c**) après un temps d'acquisition de 20 minutes. Comme attendu, le cérium et le gadolinium sont localisés aux mêmes endroits et forment tout deux un réseau percolant. Concernant le nickel, on note la présence de grains d'une dizaine de microns et d'autres de taille inférieure. Cette diminution de la taille des grains de nickel en comparaison aux observations du § II.1.1 s'explique par le broyage réalisé pour l'obtention du mélange anodique. Concernant la répartition du nickel et même si la surface ici étudiée ne représente qu'une très faible partie de la cellule entière, on note que le réseau est percolant.

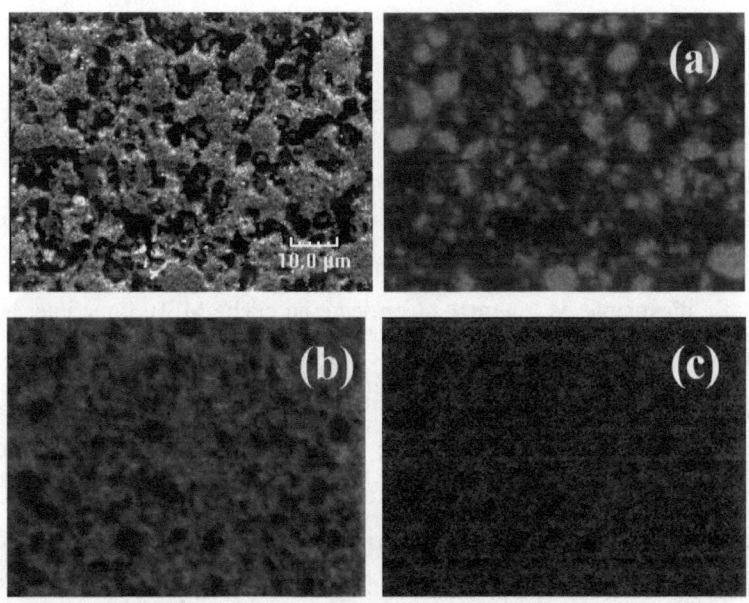

Figure 4-10 : Analyse microsonde réalisée sur une section anodique NiO-GDC (x1200). Signaux relatifs au nickel (**a**), au cérium (**b**) et au gadolinium (**c**). Temps d'acquisition = 20 minutes.

III.4 Demi-cellule symétrique anodique avec catalyseur de reformage

L'insertion d'un catalyseur au sein de la matrice anodique NiO-GDC est simplement réalisée par l'ajout du catalyseur dans le mélange anodique initial. Ainsi, la proportion de catalyseur est contrôlée et le mode d'élaboration des cellules reste le même

Dans cette étude, plusieurs cellules symétriques ont été réalisées en faisant varier la proportion de catalyseur Pt-Ce-H. Au total, 3 demi-cellules ont été élaborées sans catalyseur et avec 10% et 15% massique de catalyseur dans l'anode. Dans la suite de ce chapitre, ces trois échantillons seront notés respectivement :

- Ni-GDC / GDC/ Ni-GDC
- Ni-GDC-10% Pt-Ce-H / GDC/ Ni-GDC-10% Pt-Ce-H
- Ni-GDC-15% Pt-Ce-H / GDC/ Ni-GDC-15% Pt-Ce-H

Dans tous les cas, la proportion massique de NiO est maintenue à 50% en poids afin de garder un réseau électrique percolant [1].

A titre d'exemple, la Figure 4-11 présente un cliché MEB d'une interface NiO-GDC-Pt-Ce-H/GDC (avant réduction in situ) où le catalyseur Pt-Ce-H représente ici 10% massique du dépôt anodique (échantillon 10-Pt-CeO$_2$). Comme précédemment, on note que l'anode est toujours poreuse et que l'adhérence avec l'électrolyte est correcte (pas de délamination ni de fissure). L'analyse microsonde n'a pas permis de détecter le platine compte tenu de sa taille. En effet, la sonde possède une limite de détection de 1 μm^2 et l'étude microscopique menée sur les catalyseurs a révélé des imprégnations de platine de 1.3 nm en moyenne après élaboration (Chapitre 3, § V.4). La température de calcination de l'anode de 800°C semble donc ne pas être trop préjudiciable sur le frittage des particules de platine.

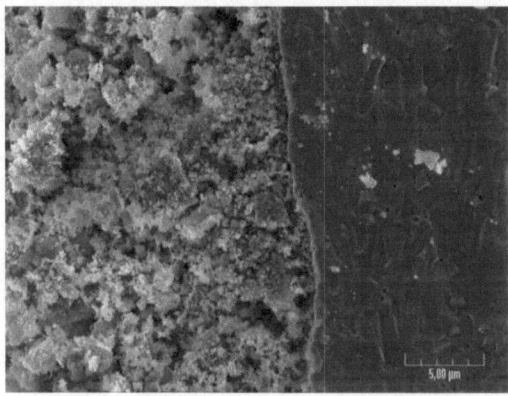

Figure 4-11 : Cliché MEB d'une interface anode/électrolyte NiO-GDC-10% Pt-Ce-H/GDC
(x2000). Echantillon réalisé par dépôt de barbotine sur électrolyte dense

Finalement, cette dernière méthode de mise en forme semble être la plus appropriée à cette étude pour diverses raisons. En effet, elle permet de moduler assez facilement les caractéristiques des couches anodiques: épaisseur, composition, chargement en catalyseur etc. Par ailleurs, la mise en forme préalable de l'électrolyte permet de fritter les anodes à une température beaucoup moins élevée que la gamme 1300°C-1500°C nécessaire à la densification de GDC 10%. Cela est primordial pour minimiser le frittage du catalyseur à haute surface spécifique localisé dans l'anode.

IV. Performances électrocatalytiques

Les réponses électrique et catalytique des échantillons symétriques ont été évaluées parallèlement de façon systématique en fonction de la température sous les différentes conditions expérimentales évoquées en introduction de ce chapitre. Les résultats présentés ont été obtenus à l'état stationnaire, c'est-à-dire après avoir obtenu la stabilité de la réponse du signal électrique de spectroscopie d'impédance, soit après 15 minutes sous flux. Par ailleurs, compte tenu de la gamme de température étudiée, l'activité catalytique ne sera attribuée qu'aux réactions anodiques. En effet, l'activité catalytique de l'électrolyte GDC est considérée comme très faible et probablement nulle compte tenu de la gamme de température étudiée et de la surface de contact très faible avec le mélange réactionnel (seule la tranche de l'électrolyte est en contact avec le mélange).

IV.1 Traitement des données

Le traitement des données de spectroscopie d'impédance est réalisé grâce au logiciel **ZView**[TM]. Ce programme permet de séparer les contributions des différents éléments de   l'échantillon. Pour rappel, les signaux électriques sont typiquement donnés en représentation de Nyquist, c'est-à-dire que la partie imaginaire Z'' de la fonction de transfert (rapport du signal de sortie sur le signal d'entrée) est représentée en fonction de la partie réelle Z' (Chapitre 2 § IV.1).

Un exemple de spectre d'impédance complexe en représentation de Nyquist obtenu dans cette étude est donné Figure 4-12. Les valeurs assignées aux flèches correspondent aux puissances de dix des fréquences de mesure. Les valeurs de résistance présentées dans la suite de ce chapitre sont normalisées, c'est-à-dire qu'elles correspondent aux valeurs pour une seule anode et sont rapportées aux caractéristiques géométriques de l'échantillon. Ainsi la résistance de polarisation anodique sera exprimée en $\Omega.cm^2$ et la conductivité totale de l'électrolyte sera donnée en $S.m^{-1}$.

Tous les signaux obtenus présentent la même configuration, à savoir un arc de cercle dans les hautes fréquences suivi d'une diminution des valeurs de Z'' avec la fréquence. Le logiciel **ZView**[TM] permet de déconvoluer le demi cercle (en vert sur la Figure 4-12) correspondant à l'arc de cercle à haute fréquence. Compte tenu de la très haute fréquence observée (10^6), cette contribution est associée à la réponse de l'électrolyte. Ainsi, pour l'exemple ci-dessous, la résistance de l'électrolyte est de 1950 Ω. La résistance associée aux deux anodes de l'échantillon est déterminée comme la différence entre la résistance totale (correspondant à l'intersection du tracé avec l'axe des abscisses, ici à Z'=3000) et la résistance de l'électrolyte.

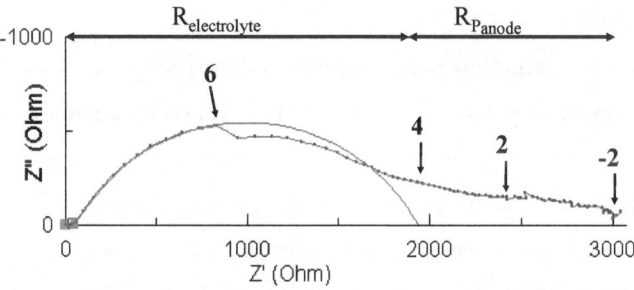

Figure 4-12 : Exemple de spectre d'impédance complexe brut en représentation de Nyquist obtenu à 464°C. Le demi cercle vert à haute fréquence représente la contribution de l'électrolyte. Les valeurs assignées aux flèches donnent la décade de la fréquence de l'analyse.

IV.2 Tests préliminaires

Les premières mesures ont été réalisées sous un simple mélange CH_4 : O_2 avec le rapport 14 :2 et un débit total de 50 mL.min^{-1}.

IV.2.1 Réponse anodique

La Figure 4-13 montre l'évolution de la conversion en oxygène en fonction de la température pour les 3 échantillons. L'oxygène étant le réactif en défaut dans le mélange réactionnel, il convient de suivre préférentiellement son évolution. L'échantillon sans catalyseur présente une conversion en oxygène croissante avec la température qui atteint 90% à 630°C. L'ajout de catalyseur dans l'anode implique une conversion en oxygène plus importante dès 410°C avec respectivement 66% et 73% de conversion pour les échantillons Ni-GDC-10%Pt-Ce-H/GDC/ Ni-GDC-10%Pt-Ce-H et Ni-

GDC-15% Pt-Ce-H/GDC/Ni-GDC-15%Pt-Ce-H. Les valeurs augmentent légèrement avec la température jusqu'à atteindre un palier à 90% de conversion pour l'échantillon Ni-GDC-15%Pt-Ce-H/GDC/Ni-GDC-15%Pt-Ce-H. A noter que dans tous les cas, l'oxygène injecté n'est pas totalement consommé et qu'aucune trace de gaz de synthèse (H_2 et CO) n'est détectée.

La Figure 4-14 représente les diagrammes d'Arrhenius des résistances de polarisation anodiques (en $\Omega.cm^2$) pour les 3 échantillons étudiés. Les trois tracés sont linéaires (le coefficient de détermination R^2 est toujours supérieur à 0.992) avec l'inverse de la température ce qui signifie que le(s) phénomène(s) mis en jeu est (sont) thermiquement activé(s). On remarque que l'ajout de catalyseur au sein de l'anode permet de diminuer l'énergie d'activation et que plus le pourcentage massique de catalyseur inséré dans le cermet est élevé, plus la résistance de polarisation est faible pour une même température. Ainsi, pour une température de 580°C (1000/T = 1.17), les échantillons avec une proportion de catalyseur croissante présentent respectivement des résistances de polarisation de 544, 315 et 19 $\Omega.cm^2$ (Table 4-1).

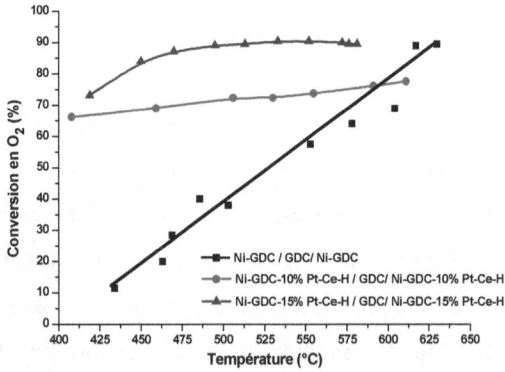

Figure 4-13 : Evolution de la conversion en oxygène en fonction de la température pour les 3 demi-cellules symétriques sous le mélange $CH_4:O_2$: 14 : 2. Débit total : 50 mL.min^{-1}

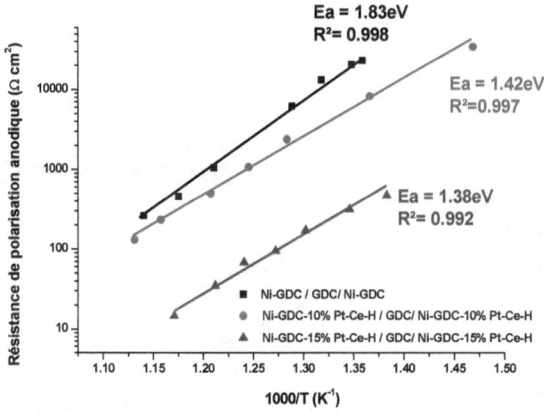

Figure 4-14 : Diagrammes d'Arrhenius de la résistance de polarisation anodique (Ω.cm²) pour les 3 demi-cellules symétriques sous le mélange CH$_4$:O$_2$: 14 : 2. Débit total : 50 mL.min^{-1}

Table 4-1 : Résistances de polarisation anodique (Ω.cm²) des 3 demi-cellules symétriques à 460°C, 510°C et 580°C. Les valeurs entre parenthèses correspondent à 1000/T. Mélange CH$_4$:O$_2$ 14 : 2. Débit total : 50 mL.min^{-1}.

	Sans catalyseur	10% massique Pt-Ce-H	15% massique Pt-Ce-H
460°C (1.36)	23157	7311	440
510°C (1.27)	4067	1528	96
580°C (1.17)	544	315	19

IV.2.2 Réponse électrolytique

L'évolution de la conductivité totale (S.m^{-1}) de l'électrolyte GDC en fonction de la température pour chaque échantillon est détaillée Figure 4-15. On note que le logarithme de la conductivité est linéaire (R² toujours supérieur à 0.987) avec l'inverse de la température ce qui là encore est synonyme d'un mécanisme thermiquement activé. Il est difficile donner une tendance en fonction de la quantité de catalyseur puisque l'échantillon

Ni-GDC/GDC/Ni-GDC présente des valeurs comprises entre celles des deux autres échantillons. Les énergies d'activation ne présentent pas de différence significative suivant l'échantillon.

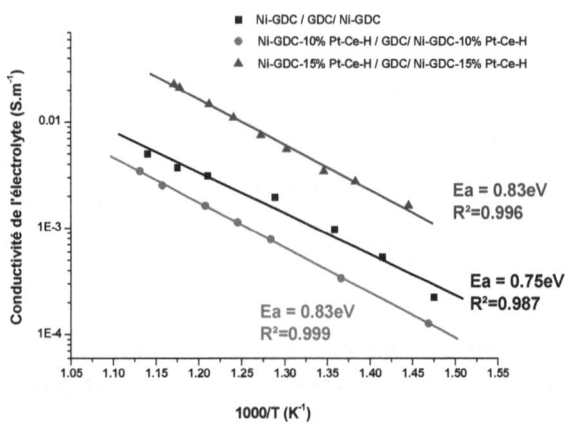

Figure 4-15 : Diagrammes d'Arrhenius de la conductivité totale de l'électrolyte (S.m^{-1}) pour les 3 demi-cellules symétriques sous le mélange CH$_4$:O$_2$: 14 : 2. Débit total : 50 mL.min^{-1}

IV.3 Influence de la présence de vapeur d'eau

Les tests suivants ont été menés en ajoutant au flux précédent 6% de vapeur d'eau. Le mélange réactionnel est donc alors constitué de CH$_4$, O$_2$ et H$_2$O dans les proportions 14 :2 :6 avec un débit total de 50 mL.min^{-1}. Cette fraction d'eau a été choisie d'après la configuration du banc de mesure. Comme décrit dans la partie expérimentale, le système de vaporisation d'eau utilisé ici est un simple bulleur disposé dans un bain thermostaté et non pas une pompe HPLC comme disponible sur le banc Switch 16 (Chapitre 2 § III.1). Une proportion de 20% d'eau nécessite d'après la loi d'Antoine une température de bain de 60°C. Un maintien à cette température s'est avéré difficilement réalisable pour de longues périodes de test. Ainsi, une température de 36°C équivalente à 6% de vapeur d'eau dans le mélange a été choisie.

IV.3.1 Réponse anodique

La Figure 4-16 représente l'évolution du rendement en hydrogène en fonction de la température pour les 3 échantillons. L'analyse de gaz relative aux 2 échantillons contenant le catalyseur a fait apparaître de l'hydrogène à partir de 490°C. L'échantillon Ni-GDC-10%Pt-Ce-H/GDC/Ni-GDC-10%Pt-Ce-H présente un rendement maximum de 0.2% à 610°C alors qu'un rendement de 3.2% est calculé à la même température pour Ni-GDC-15%Pt-Ce-H/ GDC/Ni-GDC-15% Pt-Ce-H. Aucune trace de CO n'est détectée et seul du CO_2 est quantifié.

L'évolution du logarithme des résistances de polarisation en fonction de l'inverse de la température pour les 3 échantillons est détaillée sur la Figure 4-17. Contrairement aux tests précédents en absence d'eau, on note que les valeurs des résistances de polarisation associées aux échantillons contenant le catalyseur Pt-Ce-H ne sont pas linéaires avec 1000/T. En effet, les tracés relatifs à ces deux échantillons présentent respectivement un changement de pente à environ 500°C et 530°C. A 600°C, les 2 échantillons présentent des résistances de polarisation de 150 et 12 $\Omega.cm^2$. Pour la même température, un échantillon sans catalyseur montre une valeur de 324 $\Omega.cm^2$. Si l'on se réfère aux observations de la Figure 4-16, on peut déduire que la diminution des résistances de polarisation est liée à la présence d'hydrogène.

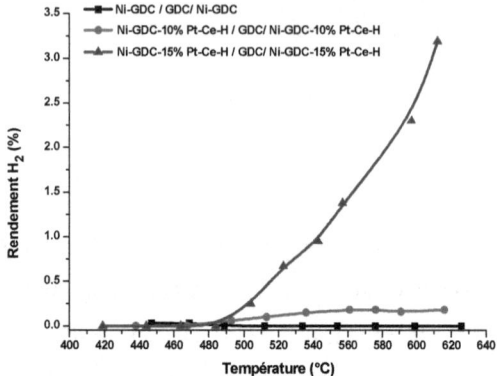

Figure 4-16 : Evolution du rendement en hydrogène en fonction de la température pour les 3 demi-cellules symétriques sous le mélange $CH_4 : O_2 : H_2O : 14 : 2 : 6$. Débit total : 50 mL.min^{-1}

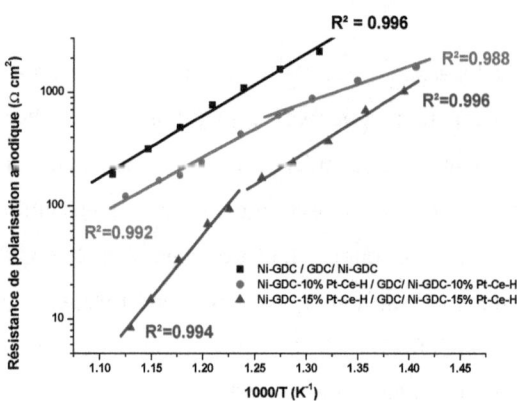

Figure 4-17 : Diagrammes d'Arrhenius de la résistance de polarisation anodique (Ω.cm²) pour les 3 demi-cellules symétriques sous le mélange $CH_4 : O_2 : H_2O : 14 : 2 : 6$. Débit total : 50 mL.min^{-1}

IV.3.2 Réponse électrolytique

L'évolution de la conductivité totale de l'électrolyte sous le mélange $CH_4 : O_2 : H_2O : 14 : 2 : 6$ est présentée Figure 4-18. L'électrolyte des échantillons Ni-GDC/GDC/Ni-GDC et Ni-GDC-10%Pt-Ce-H/GDC/Ni-GDC-10%Pt-Ce-H ne présente pas de différence significative de conductivité contrairement à Ni-GDC-15%Pt-Ce-H/GDC/Ni-GDC-15%Pt-Ce-H dont l'électrolyte présente des conductivités plus importantes. A titre d'exemple, une conductivité de 0.0018 S.m^{-1} est atteinte dès 450°C pour l'échantillon contenant 15% massique de catalyseur. Il est nécessaire d'atteindre 500°C pour obtenir une valeur identique sur les deux autres échantillons.

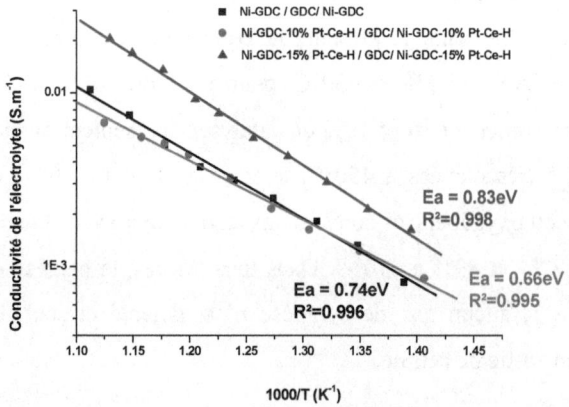

Figure 4-18 : Diagrammes d'Arrhenius de la conductivité totale de l'électrolyte (S.m^{-1}) pour les 3 demi-cellules symétriques sous le mélange CH$_4$:O$_2$:H$_2$O : 14 : 2 : 6. Débit total : 50 mL.min^{-1}

IV.4 Influence de la présence de dioxyde de carbone

La dernière étape de l'étude a consisté à ajouter 5% de dioxyde de carbone au mélange précédent afin de se rapprocher des conditions monochambre. Le mélange réactionnel est donc CH$_4$:O$_2$:H$_2$O : CO$_2$ dans les proportions 14 : 2 : 6 : 5.

IV.4.1 Réponse anodique

Les Figures 4-19 et 4-20 représentent respectivement l'évolution de la conversion d'oxygène et les résistances de polarisation anodiques et en fonction de la température.

Concernant les analyses en phase gaz et là encore de façon identique aux tests préliminaires, on peut observer que la conversion en oxygène ne présente pas la même évolution en température en fonction de l'échantillon. Pour l'échantillon sans catalyseur, la conversion est croissante avec la température avec 11.5% à 450°C pour atteindre 62% à 610°C. Les échantillons contenant 10 et 15% de catalyseur présentent quant à eux des valeurs déjà très élevées à 450°C, avec respectivement 69% et 80% de conversion en oxygène. Ces conversions augmentent avec la température et atteignent 77% et 89% à 610°C. Dans tous les cas, la balance de carbone est égale à 1, aucun gaz de synthèse n'est détecté et seul du CO_2 est quantifié en sortie de cellule.

Comme observé précédemment, le(s) phénomène(s) mis en jeu sont thermiquement activé. Tout comme les tests préliminaires sous le mélange CH_4/O_2 (§ IV.2), on observe un effet bénéfique du catalyseur sur les résistances de polarisation. Ainsi, pour une température de 580°C, les échantillons présentent respectivement des valeurs de 1155, 283 et 119 $\Omega.cm^2$ avec la proportion de catalyseur croissante. Ces valeurs sont beaucoup plus faibles que lors des tests préliminaires exceptés pour Ni-GDC-15%Pt-Ce-H/GDC/Ni-GDC-15%Pt-Ce-H. On note également que plus la proportion de catalyseur inséré est importante plus l'énergie d'activation associée est faible, passant ainsi de 1.49 eV pour Ni-

GDC/GDC/Ni-GDC à 1.07 eV pour Ni-GDC-15%Pt-Ce-H/GDC/Ni-GDC-15%Pt-Ce-H.

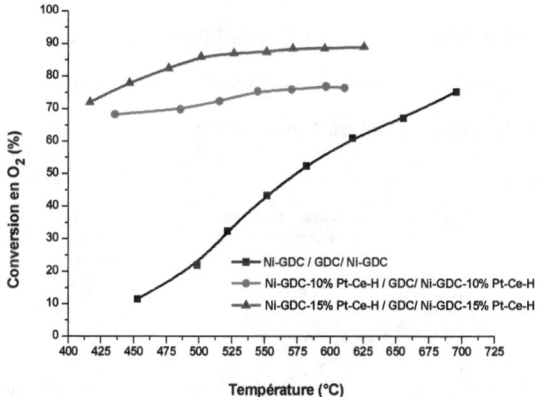

Figure 4-19 : Evolution de la conversion en oxygène en fonction de la température pour les 3 demi-cellules symétriques sous le mélange $CH_4 : O_2 : H_2O : CO_2 : 14 : 2 : 6 : 5$. Débit total : 50 $mL.min^{-1}$

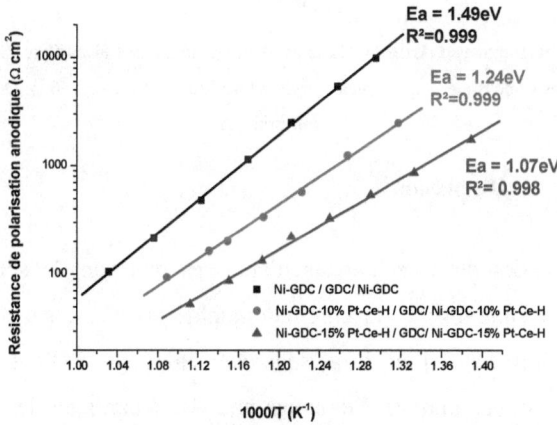

Figure 4-20 : Diagrammes d'Arrhenius de la résistance de polarisation anodique ($\Omega.cm^2$) pour les 3 demi-cellules symétriques sous le mélange $CH_4 : O_2 : H_2O : CO_2 : 14 : 2 : 6 : 5$. Débit total : 50 $mL.min^{-1}$

IV.4.2 Réponse électrolytique

L'évolution de la conductivité totale de l'électrolyte GDC pour les 3 échantillons en présence de CO_2 est détaillée sur la Figure 4-21. Il semble assez compliqué d'attribuer une influence significative du catalyseur à l'évolution de la conductivité de l'électrolyte.

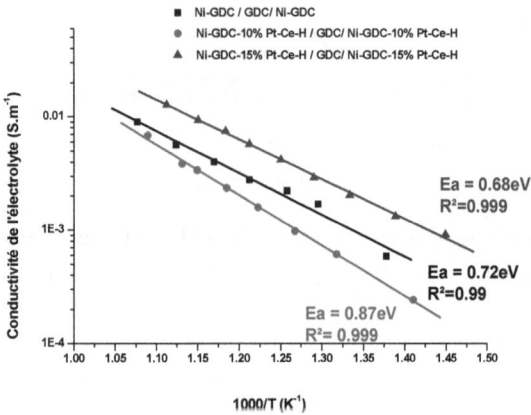

Figure 4-21 : Diagrammes d'Arrhenius de la conductivité totale de l'électrolyte ($S.m^{-1}$) pour les 3 demi cellules symétriques sous le mélange CH_4 :O_2 :H_2O : CO_2 : 14 : 2 : 6 :5. Débit total : 50 $mL.min^{-1}$

V. Discussion

Le couplage des deux techniques d'analyses que sont la spectroscopie d'impédance complexe et la chromatographie en phase gazeuse permet d'étudier l'influence d'un catalyseur de reformage à l'anode sur les propriétés électrochimiques. Ce paragraphe vise à expliquer les différentes tendances observées en fonction du matériau utilisé et de la composition du mélange réactionnel. Avant toute analyse des résultats, il convient de rappeler les différentes réactions chimiques et électrochimiques pouvant avoir lieu dans les conditions de tests ici étudiées. Ainsi, on a :

Oxydation totale du méthane:

$$CH_4 + 2O_2 \Rightarrow CO_2 + 2H_2O \quad (6-1)$$

Oxydation partielle du méthane :

$$CH_4 + \tfrac{1}{2} O_2 \Rightarrow CO + 2H_2 \quad (6-2)$$

Craquage du méthane:

$$CH_4 \Rightarrow C + 2H_2 \quad (6-3)$$

Equilibre de Boudouard:

$$2 CO \Leftrightarrow C + CO_2 \quad (6-4)$$

Steam reforming:

$$CH_4 + H_2O \Rightarrow CO + 3H_2 \quad (6-5)$$

Dry reforming:

$$CH_4 + CO_2 \Rightarrow 2 CO + 2H_2 \quad (6-6)$$

Water Gas Shift (WGS / Gaz à l'eau):

$$CO + H_2O \Leftrightarrow CO_2 + H_2 \quad (6-7)$$

Oxydation de H_2 :

$$H_2 + \tfrac{1}{2} O_2 \Rightarrow H_2O \quad (6-8)$$

Oxydation du CO:

$$CO + \tfrac{1}{2} O_2 \Rightarrow CO_2 \quad (6-9)$$

Oxydation électrochimique totale du méthane:

$$CH_4 + 4O^{2-} \Rightarrow CO_2 + 2H_2O + 8e^- \quad (6-10)$$

Oxydation partielle électrochimique du méthane :

$$CH_4 + O^{2-} \Rightarrow CO + 2H_2 + 2e^- \quad (6-11)$$

Oxydation électrochimique du CO:

$$CO + O^{2-} \Rightarrow CO_2 + 2e^- \quad (6-12)$$

Oxydation électrochimique de H_2:

$$H_2 + O^{2-} \Rightarrow H_2O + 2e^- \quad (6-13)$$

L'oxydation électrochimique totale du méthane qui fait intervenir 8 électrons semble difficilement réalisable. Les deux réactions électrochimiques (6-10) et (6-11) possèdent des cinétiques très lentes dans la gamme de température étudiée et ne sont donc pas envisagées dans l'exploitation des résultats.

Discussion des résultats liés à l'anode Ni-GDC et à la présence du catalyseur Pt-Ce-H

Les différentes expériences ont mis en évidence les points suivants. Tout d'abord, quelle que soit la condition de test, la balance de carbone calculée (Chapitre 2, § III.3) est toujours égale à 1 ce qui signifie qu'il n'y a aucun dépôt d'espèce carbonée. Ainsi, même si on ne peut pas écarter la réaction de craquage du méthane (6-3) et la réaction de Boudouard (6-4) (il peut y avoir oxydation du coke), ces deux réactions ne sont pas prédominantes. L'oxygène consommé correspond à la quantité de méthane consommée par oxydation particlle (6-2). Ensuite, on observe une diminution des résistances de polarisation avec la température quel que soit l'échantillon et la condition opératoire. Cela signifie que la ou les réaction(s) élémentaire(s) électrochimique(s) (6-12 & 6-13) sont favorisées par l'élévation de température. Ces réactions qui font intervenir des gaz de synthèse (H_2 et CO) sont possibles par la réaction antérieure d'oxydation partielle du méthane (6-2). En effet, même en absence d'eau et de dioxyde de carbone dans le mélange réactionnel, les résistances de polarisation diminuent avec la température ce qui signifie que des gaz des synthèse ont été produits précédemment. Cela permet donc de s'affranchir des réactions de steam et dry reforming (6-5 & 6-6) dans le cas des tests préliminaires. La promotion préférentielle de cette réaction d'oxydation partielle du méthane est par ailleurs logique compte tenu du rapport élevé CH_4/O_2 de 7.

Dans le cas des tests préliminaires, aucun gaz de synthèse n'est détecté en sortie de réacteur. Compte tenu de l'évolution des résistances et des différentes réactions possibles, nous pouvons suggérer que le méthane est partiellement oxydé par l'oxygène gazeux et que les gaz de synthèse ainsi créés sont oxydés électrochimiquement. Dans ce cas de figure, le catalyseur peut être perçu comme un site catalytique additionnel permettant de favoriser l'oxydation du méthane. Cela est confirmé par la conversion croissante en oxygène avec la quantité de catalyseur (Figure 4-13). Les quantités d'eau et de dioxyde de carbone formées électrochimiquement sont probablement trop faibles pour que les réactions de steam et dry reforming aient lieu.

La présence d'eau dans le mélange réactionnel a mis en évidence des changements de pente aux environs de 500°C associés à la détection d'hydrogène lorsque le catalyseur Pt-Ce-H est inséré dans l'anode. Dans le même temps, aucune trace de CO n'est détectée. Une production d'hydrogène accompagnée d'une absence de CO en présence de platine est logiquement associée à la réaction du Water Gas Shift (6-7) [2, 3]. Le matériau Pt-Ce-H joue alors le rôle de catalyseur d'oxydation partielle du méthane mais également de promoteur de la réaction du WGS. L'hydrogène ainsi produit devient le combustible électrochimique prédominant et le plus efficace comme décrit dans la littérature [4, 5].

Les derniers tests réalisés sous une atmosphère contenant du méthane, de l'oxygène, de l'eau et du dioxyde de carbone ont fait apparaître des évolutions de résistance de polarisation et de conversion en oxygène similaires aux tests préliminaires. L'évolution des résistances de polarisation avec la température indique la production de gaz de synthèse nécessaires aux réactions électrochimiques (6-12) et (6-13). La non détection d'hydrogène et de monoxyde de carbone s'explique là encore par leur oxydation électrochimique. La présence de CO_2 semble favoriser la réaction du Reverse Water Gas Shift (RWGS 6-7). Le fait d'ajouter du CO_2 au mélange précédent inhibe la détection d'hydrogène. La promotion de cette réaction devrait favoriser la détection de CO ce qui n'est pas le cas ce qui s'explique par son oxydation électrochimique.

Compte tenu du caractère innovant de ce genre d'expérience associé aux conditions opératoires (température, atmosphère) plutôt inhabituelles, il existe très peu de références dans la littérature qui nous permettent de comparer ces résultats expérimentaux.

En effet, la majorité des études portant sur les performances électrochimiques anodiques ont été réalisées à des températures comprises entre 700°C et 1000°C et sous hydrogène (Chapitre 1, § III.5.1.1. Figure 1-19). Certaines références mettent en avant une influence notoire du matériau d'électrolyte sur les résistances de polarisation anodiques alors que d'autres auteurs ont mis en évidence l'influence de la morphologie des poudres et l'épaisseur de la couche anodique [6, 7].

Parmi les études se rapprochant des conditions opératoires présentes, on peut citer le travail de *Muecke et al* [8]. Ce travail porte sur l'évaluation d'un cermet Ni-GDC à 600°C où ils ont démontré une résistance de polarisation de 1.5 $\Omega.cm^2$. La nette différence avec les résultats démontrés ici s'explique simplement par l'utilisation d'hydrogène en tant que combustible.

L'aspect important de ce travail étant l'utilisation du méthane en tant que combustible en remplacement de l'hydrogène, une étude seulement semble se rapprocher de nos conditions opératoires. En effet, *Babaei et al* [9] ont étudié la réponse électrique d'un cermet Ni-GDC déposé sur un électrolyte GDC pour des températures comprises entre 700°C et 800°C sous un mélange CH_4/H_2O mais en absence d'oxygène contrairement aux tests menés ici. Ils ont montré que l'ajout de palladium déposé par imprégnation avait un effet bénéfique sur la résistance de polarisation anodique mais que le système n'était pas stable dans le temps à cause d'un dépôt de carbone. Ainsi, il semble compliqué de comparer nos résultats expérimentaux avec la littérature compte tenu de la diversité des conditions opératoires.

Discussion des résultats liés à l'électrolyte

Dans les 3 conditions de tests détaillées dans ce chapitre, il semble difficile de corréler la conductivité totale de l'électrolyte GDC 10% à la quantité de catalyseur présent dans l'anode. Quoiqu'il en soit, l'augmentation linéaire du logarithme de la conductivité totale avec l'inverse de la température s'explique par une conductivité ionique croissante dans l'échantillon. Il est à noter qu'aucune rupture de pente n'a été observée sur tous les graphiques relatifs à la conductivité de l'électrolyte. Cela signifie que le mécanisme de conduction, ici la conduction ionique, reste prédominant au sein de l'électrolyte sur cette gamme de température et sous les atmosphères de tests étudiées.

Là encore et compte tenu des conditions expérimentales, il est compliqué de comparer de façon systématique les valeurs de conductivités et d'énergies d'activation avec la littérature. Néanmoins, quelle que soit la condition de test ici étudiée, l'énergie d'activation associée à la conductivité de l'électrolyte est consistante avec les données de la littérature (entre 0.6 et 0.9 eV) [10-12]. Concernant les valeurs de conductivité totale de l'électrolyte et même si les atmosphères gazeuses sont différentes, les résultats semblent être en accord avec la littérature. En effet, si on extrapole les diagrammes d'Arrhénius ici tracés pour des températures supérieures à 650°C, on peut se rendre que les résultats sont cohérents avec les 0.046 S.m^{-1} reportés par *Cheng et al* [13] à 700°C sous air.

Bien que les résultats catalytiques soient significatifs, nous avons pu noter que les rendements en hydrogène étaient particulièrement faibles. On peut expliquer cela par la faible surface de contact (1.15 cm² par anode) disponible pour la réaction avec la phase gazeuse. On peut considérer qu'il s'agit ici d'un test en lit léché et non pas traversé comme dans le cas des tests catalytiques détaillés au Chapitre 3. Le temps de contact et les limitations par transport de masse dans les porosités anodiques doivent limiter également les conversions.

VI. Conclusion

La spectroscopie d'impédance complexe et la chromatographie en phase gazeuse ont été couplées pour caractériser *operando* les propriétés électrochimiques et catalytiques d'une anode Ni-10% GDC pour pile SOFC en configuration monochambre dans la gamme de température intermédiaire (400°C-650°C). La mise en place d'un protocole d'élaboration reproductible et flexible par simple dépôt de barbotine a permis de réaliser des empilements symétriques anode/électrolyte/anode contenant un catalyseur en proportion variable. Il a été démontré que l'ajout du catalyseur supporté de type Pt-Ce-H dans la porosité du cermet permet de diminuer de façon drastique les résistances de polarisation anodiques par production localisée d'hydrogène. L'architecture anodique ici élaborée suggère des résultats prometteurs pour une utilisation en condition monochambre. Cependant, il convient de continuer l'optimisation des caractéristiques du catalyseur (teneur en métal dispersé, dopant éventuel au sein du support et méthode d'élaboration) et de l'empilement afin d'obtenir les meilleures performances pour la température la plus basse.

VII. Références bibliographiques

[1]   U. Anselmi-Tamburini, G. Chiodelli, M. Arimondi, F. Maglia, G. Spinolo and Z.A. Munir, Solid State Ionics, 110 (1998) 35.

[2]   O. Thinon, F. Diehl, P. Avenier and Y. Schuurman, Catal. Today, 137 (2008) 29.

[3]   O. Thinon, K. Rachedi, F. Diehl, P. Avenier and Y. Schuurman, Topics in Catalysis, 52 (2009) 1940.

[4]   A.K.D. M.V. Perfiliev, B.L. Kuzin and A.S. Lipilin, High Temperature Gas Electrolysis, Nauka, Moscow (1988) 115.

[5]   P.A. T. Kawada, N. Sakai, H. Yokikawa, and M. Dokiya, The Electrochemical Society Proceedings Series, Pennington, NJ, 91 (1991) 165.

[6]   T. Ishihara, T. Shibayama, H. Nishiguchi and Y. Takita, Solid State Ionics, 132 (2000) 209.

[7]   S. Suda, M. Itagaki, E. Node, S. Takahashi, M. Kawano, H. Yoshida and T. Inagaki, J. Eur. Ceram. Soc., 26 (2006) 593.

[8]   U.P. Muecke, K. Akiba, A. Infortuna, T. Salkus, N.V. Stus and L.J. Gauckler, Solid State Ionics, 178 (2008) 1762.

[9]   A. Babaei, S.P. Jiang and J. Li, J. Electrochem. Soc., 156 (2009) B1022.

[10]   A. Atkinson, S.A. Baron and N.P. Brandon, J. Electrochem. Soc., 151 (2004) E186.

[11]   A. Jasper, J.A. Kilner and D.W. McComb, Solid State Ionics, 179 (2008) 904.

[12]   P. Blennow, W. Chen, M. Lundberg and M. Menon, Ceram. Int., 35 (2009) 2959.

[13]   J.-G. Cheng, S.-W. Zha, J. Huang, X.-Q. Liu and G.-Y. Meng, Mater. Chem. Phys., 78 (2003) 791.

Chapitre 5

Etude de Matériaux de Cathode

Alternative perovskite materials as a cathode component for intermediate temperature single-chamber solid oxide fuel cell, Cyril Gaudillère, Louis Olivier, Philippe Vernoux, Chunming Zhang, Zongping Shao, David Farrusseng, **Journal of Power Sources**, DOI : 10.1016/j.jpowsour.2010.02.058

I. Introduction

Ce chapitre présente l'étude complète qui a été menée sur de potentiels matériaux de cathode pour la configuration monochambre SOFC.

Comme il a été détaillé dans la partie bibliographique de ce mémoire, les matériaux de cathode doivent satisfaire à de nombreux critères parmi lesquels des conductivités ionique et électrique importantes, une activité prononcée pour la réduction de l'oxygène ou bien encore une bonne stabilité thermique à haute température. De plus, le concept monochambre implique une activité la plus faible possible envers l'activation et la conversion des hydrocarbures.

La première partie de ce chapitre détaille la sélection des matériaux perovskite réalisée d'après la littérature. Le mode d'élaboration est ensuite présenté et la troisième partie traite de toute la caractérisation qui a été menée avec premièrement les tests catalytiques sous diverses atmosphères afin de se rapprocher d'un mélange réaliste contenant un hydrocarbure, de l'oxygène, de l'eau et du dioxyde carbone. Cette première caractérisation a permis de réaliser une sélection de potentiels candidats satisfaisant aux critères catalytiques. Ces matériaux ont ensuite été caractérisés par différentes méthodes : microscopie électronique à balayage, mesures électriques afin de mettre en évidence les résistances de polarisation associées, analyse thermique pour la stabilité en température, mesure de surface spécifique par la méthode BET et tests de réactivité chimique à haute température avec le matériau d'électrolyte GDC.

La partie discussion de ce chapitre fournit des explications aux divergences observées lors des différentes méthodes de caractérisation alors que la conclusion propose le matériau le plus adéquat pour une utilisation en tant que cathode en condition monochambre SOFC.

II. Choix des matériaux

L'étude bibliographique au Chapitre 1 a démontré que parmi les choix possibles, les matériaux perovskites $ABO_{3-\delta}$, très stables jusqu'à des températures de l'ordre de 1000°C, sont le plus largement étudiés de par leur conductivité électrique élevée, une bonne activité électrochimique pour la réduction de l'oxygène et une possible haute conductivité ionique. La flexibilité de la structure cristallographique perovskite permet de substituer les éléments A et B et ainsi modifier les caractéristiques intrinsèques du matériau.

Ainsi, et en accord avec l'état de l'art sur les composés utilisés en tant qu'élément de cathode, 7 perovskites ont été choisies :

- $La_{0.7}Sr_{0.3}MnO_{3-\delta}$ (LSM) en tant que matériau de référence
- $La_{0.6}Sr_{0.4}Co_{0.2}Fe_{0.8}O_{3-\delta}$ (LSCF) afin de valider les observations de *Suzuki et al* [1].
- $Ba_{0.5}Sr_{0.5}Co_{0.8}Fe_{0.2}O_{3-\delta}$ (BSCF), largement étudiée par *Shao et al* [2].
- $LaCoO_{3-\delta}$ (LC)
- $GdBaCo_2O_{5+\delta}$ (GBC), étudiée par *Tarancón et al* [3, 4].
- $Ba_{0.5}Sr_{0.5}Mn_{0.7}Fe_{0.3}O_{3-\delta}$ (BSMF) et $BaBi_{0.6}Fe_{0.4}O_{3-\delta}$ (BBF) développées au laboratoire IRCELyon [5]

III. Elaboration des matériaux et caractérisation préliminaire

Les échantillons ont été synthétisés par la méthode dite « nitrate-citrate modifiée » [6]. Les nitrates de métaux (Sigma Aldrich, pureté > 99%) sont dissous sous agitation dans un mélange H_2O-EDTA-NH_3 dans les proportions requises. L'ammoniaque est ici utilisée afin de garder le pH de la solution autour de 6. La précipitation est obtenue après l'ajout au goutte à goutte d'une solution d'acide citrique (Sigma Aldrich) dissoute dans l'eau. Les proportions des différents réactifs sont fixés par $n_{EDTA} = n_A$ dans ABO_3 et $n_{acide\ citrique} = n_{métaux}$. La solution ainsi obtenue est agitée vigoureusement pendant 2 heures puis chauffée à 100°C afin d'évaporer l'eau. On obtient alors un gel qui est séché à l'étuve pendant 2 heures à 120°C. La poudre ainsi obtenue est calcinée à haute température pendant plusieurs heures avec une rampe de $2°C.min^{-1}$.

Une caractérisation préliminaire par diffraction des rayons X (DRX) a été réalisée afin de vérifier la cristallinité des matériaux synthétisés et la nature des phases cristallines.

Les Figures 5-1 et 5-2 représentent les diffractogrammes obtenus pour les poudres synthétisées.

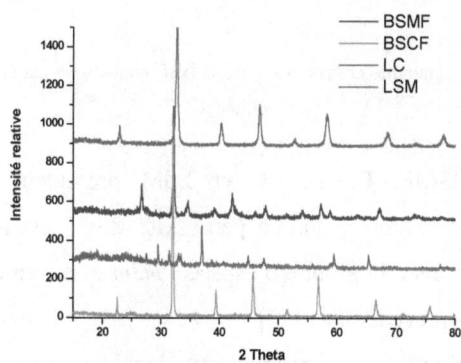

Figure 5-1 : Diffractogrammes des poudres BSMF, BSCF, LC et LSM synthétisées par la méthode « nitrate-citrate »

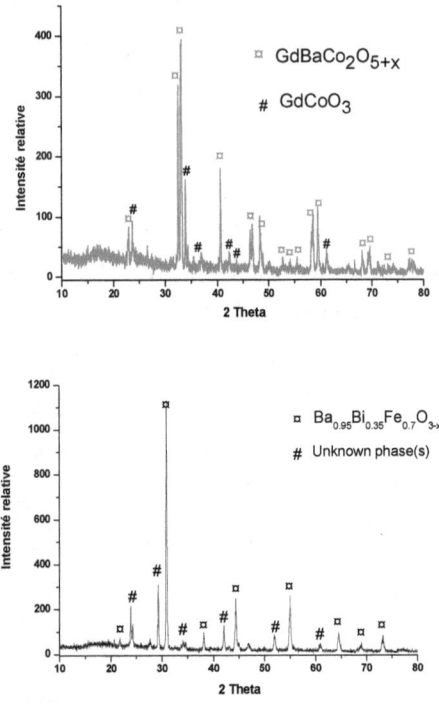

Figure 5-2 : Diffractogrammes des poudres GBC et BBF synthétisées par la méthode « nitrate-citrate »

Les poudres BSMF, BSCF, LC et LSM présentent des structures cristallines pures (Figure 5-1). La perovskite BSCF est indexée dans le système cubique avec le groupe d'espace *Pm3m* et est en accord avec les résultats obtenus précédemment [7].

LC et LSM cristallisent respectivement dans les systèmes cubique et rhomboédrique avec les groupes d'espace *Pm-3m* et *R-3c*.

Concernant BSMF, il n'existe pas de fiche JCPDS disponible pour la stoechiométrie ici choisie. L'indexation est donc réalisée sur une fiche existante relative au composé $Ba_{0.5}Sr_{0.5}MnO_{3-\delta}$ (BSM). Ce matériau cristallise dans le système hexagonal avec le groupe d'espace *P63/mmc*. La poudre BSMF synthétisée est facilement indexée avec la fiche correspondant à BSM. Cela suggère que l'insertion de 30% molaire de fer en site B ne génère pas de transition de phase ni d'évolution du paramètre de maille.

Deux poudres ne présentent pas des phases pures. La Figure 5-2 détaille les deux diffractogrammes relatifs à GBC et BBF.

Concernant GBC, on note deux phases correspondants à la phase GBC qui cristallise dans le système orthorhombique avec le groupe d'espace *Pmmm* et une phase parasite indexée comme étant $GdCoO_3$. La volatilisation du cation Ba peut expliquer la formation de cette phase secondaire. Cette phase cristallise également dans le système orthorhombique mais dans le groupe d'espace *Pnma*. Une meilleure cristallisation et la disparition de la phase parasite pourraient être obtenues en augmentant le temps de calcination. Certains auteurs ont par ailleurs démontré que de nombreux cycles de calcination pouvaient être nécessaires pour avoir une phase pure et une haute cristallinité [3].

La poudre BBF synthétisée présente une ou plusieurs phase(s) parasite(s) qui n'ont pu être indexées avec les fiches JCPDS mises à disposition. La phase BBF a été indexée dans le système cubique comme le composé BSCF.

IV. Performances catalytiques

Les tests catalytiques ont été menés sur le banc de mesure Switch 16. Le fonctionnement de l'appareil ainsi que les conditions expérimentales sont détaillées dans le Chapitre 2 de ce mémoire. Pour rappel, chaque réacteur est rempli avec 100mg de catalyseur. Entre chaque modification de la température de test entre 400 et 600°C, les catalyseurs sont soumis à un flux de 50 mL.min^{-1} d'air afin de les régénérer.

L'objectif de ces tests est de réaliser une première sélection des matériaux sur le critère catalytique, c'est-à-dire choisir ceux possédant l'activité la plus faible possible pour la conversion des hydrocarbures.

IV.1 Tests sous hydrocarbure dilué

Les tests préliminaires sont réalisés sous un mélange hydrocarbure : air. Le méthane (CH_4) et

le propane (C_3H_8) sont les deux hydrocarbures étudiés. L'air est simulé par un mélange oxygène : argon dans les proportions 20 :80. La Figure 5-3 représente la conversion en méthane (**a**) et propane (**b**) en fonction de la température pour les 7 perovskites étudiées.

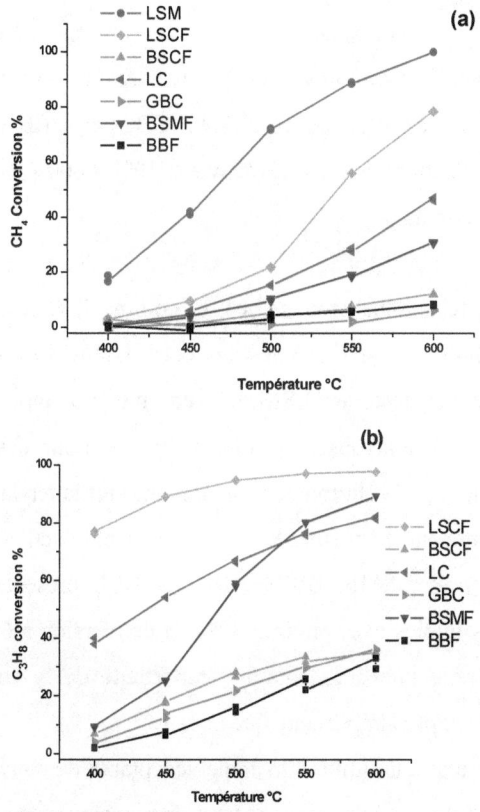

Figure 5-3: Evolution de la conversion en méthane (**a**) et propane (**b**) en fonction de la température pour les 7 perovskites étudiées. Mélange réactionnel $CH_4 : O_2$ (2 : 20) avec argon comme gaz diluant et à un débit de 50mL.min^{-1}

Lorsque le méthane (**a**) est utilisé en tant qu'hydrocarbure, on note une augmentation croissante de la conversion avec la température. La perovskite LSM présente les valeurs les plus élevées quelque soit la température. A 600°C, la conversion complète de l'hydrocarbure est observée. Cette observation confirme bien que ce matériau couramment utilisé dans la configuration bi-chambre SOFC n'est pas adapté à la configuration monochambre. Les deux autres matériaux à base de lanthane

(LSCF et LC) présentent également des conversions très importantes dès 525°C avec respectivement 35% et 20% de conversion. Les conversions attribuées à BSMF sont moins importantes avec un maximum de 30% à 600°C alors que les perovskites BSCF, GBC et BBF présentent des conversions particulièrement basses (environ 10% à 600°C) ce qui rend ces matériaux intéressants.

Concernant les tests sous propane (**b**), et comme il était attendu compte tenu de la stabilité de la molécule, les conversions sont beaucoup plus prononcées. Aucun test sur LSM n'a été mené compte tenu de son importante activité déjà observée sous méthane. Pour des températures inférieures à 500°C, l'évolution des conversions suit la tendance notée sous le mélange contenant du méthane. LSCF est le plus actif (hormis LSM), suivit par LC puis BSMF. BSCF, GBC et BBF présentent encore les valeurs les plus faibles avec environ 30% de conversion à 600°C. A partir de 550°C, on note une augmentation importante de la conversion pour BSMF qui devient plus importante que pour LC.

Si l'on considère que la limite maximale acceptable de conversion se situe à environ 15% (afin d'obtenir un gradient de pression partielle en oxygène suffisant entre l'anode et la cathode), nous pouvons dire que l'utilisation de propane en tant que combustible s'avèrerait possible uniquement avec BBF, GBC et BSCF et pour des températures inférieures à 425°C.

Il est à noter que seule l'oxydation complète du méthane en eau et dioxyde de carbone est réalisée par ces matériaux quelque soit la température et l'hydrocarbure utilisé. En effet, seul le CO_2 est détecté en chromatographie en phase gaz alors que l'eau produite est récupérée dans un piège froid par Effet Peltier.

Ces premiers tests catalytiques ont permis de faire une première sélection de matériau. Ainsi, BSMF, BSCF, GBC et BBF ont été choisi pour les tests visant à simuler de façon réaliste un mélange monochambre.

IV.2 Influence de la présence de vapeur d'eau

Afin de simuler un mélange typique présent dans une pile SOFC en configuration monochambre, la première étape a consisté à ajouter de l'eau au précédent mélange hydrocarbure : air. A noter que seul le méthane a été choisi compte tenu des conclusions précédentes sur l'utilisation du propane. Le mélange de test ici étudié est donc le suivant : méthane : oxygène : eau dans les proportions 2 : 20 : 20. La Figure 5-4 présente l'évolution des conversions en fonction de la température pour les 4 matériaux sélectionnés.

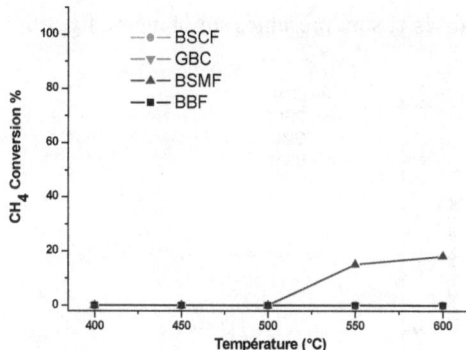

Figure 5-4: Evolution de la conversion en méthane en fonction de la température pour les 4 perovskites étudiées. Mélange réactionnel CH_4 : O_2 : H_2O (2 : 20 : 20) avec argon comme gaz diluant et à un débit de 50mL.min^{-1}

De toute évidence, l'ajout d'eau dans le mélange réactionnel permet d'inhiber totalement la réaction de conversion du méthane sur toute la gamme de température pour BSCF, BBF et GBC alors que la conversion maximale obtenue pour BSMF n'est que de 18% à 600°C.

Ici encore, seule l'oxydation totale du méthane est réalisée avec uniquement du CO_2 détecté par chromatographie gazeuse.

IV.3 Influence de la présence de dioxyde de carbone

La dernière étape de l'affinement de la composition du mélange réactionnel a consisté à ajouter du dioxyde de carbone au précédent mélange. Le flux contient du méthane, de l'oxygène, de l'eau et du dioxyde de carbone dans les proportions 2 : 20 : 20 : 5. On parle alors de « mélange monochambre ». La Figure 5-5 représente la conversion en méthane en fonction de la température sous ce mélange monochambre. Des tests avec LSM ont tout de même été réalisés et sont présentés sur la même figure.

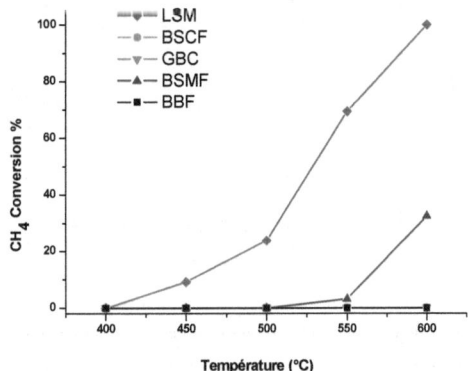

Figure 5-5: Evolution de la conversion en méthane en fonction de la température pour les 4 perovskites étudiées. Mélange réactionnel $CH_4 : O_2 : H_2O : CO_2$ (2 : 20 : 20 : 5) avec argon comme gaz diluant et à un débit de 50mL.min^{-1}

Comme observé lors des tests préliminaires, la perovskite LSM présente des conversions moindres que précédemment mais qui restent trop importante dès 475°C même en présence d'eau et de dioxyde de carbone. La conversion totale est même atteinte à 600°C. BSMF présente une activité non linéaire avec la température où l'on note une augmentation importante entre 550 et 600°C, déjà observée entre 500 et 550°C en présence d'eau uniquement. Concernant BSCF, GBC et BBF, on ne note aucune activité sur toute la gamme de température étudiée.

Ces résultats prometteurs démontrent que les 4 matériaux choisis remplissent les critères catalytiques requis jusqu'à 550°C pour BSMF et 600°C pour BSCF, BBF et GBC. Seuls ces 4 matériaux ont donc par la suite été caractérisés.

V. Caractérisations texturale et structurale

Les 4 matériaux choisis ont subi diverses caractérisations afin de mettre en évidence leur propriétés structurales, texturales, électriques ou encore de réactivité et ainsi attester de leur utilisation en tant que matériau de cathode.

V.1 Mesure de surface spécifique et analyse chimique élémentaire

Des analyses chimiques élémentaires et des mesures de surface spécifique par la méthode BET ont été réalisées. Le Tableau 5-1 résume les valeurs de surface spécifique obtenues ainsi que les compositions chimiques calculées après analyse chimique.

Tableau 5-1 : Surfaces spécifiques mesurées par physisorption d'azote à 77K et fractions molaires théoriques/expérimentales (%) mesurées par ICP-AES

	S_{BET} (m².g)	Ba	Sr	Co	Fe	Bi	Mn	Gd
BSCF	1.8	25 - 24	25 - 24.3	40 - 41.5	10 - 10.2	/	/	/
BSMF	2.2	25 - 24.4	25 - 25.8	/	15 - 14.9	/	35 - 34.9	/
BBF	2.5	50 - 49.3	/	/	30 - 31.1	20 - 20.2	/	/
GBC	2.8	25 - 20.3	/	50 - 53.1	/	/	/	25 - 26.5

On note que les valeurs de surface spécifique sont plutôt basses. La valeur la plus élevée est attribuée à GBC avec 2.8 m².g^{-1}. Cette observation est en accord avec la littérature où les perovskites présentent très souvent des valeurs faibles dues à la température de calcination élevée de l'ordre de 1000°C. Les valeurs expérimentales des fractions molaires sont proches des valeurs théoriques ce qui atteste de la fiabilité de la méthode d'élaboration utilisée. Cependant, on note une teneur en baryum assez éloignée de la théorie pour l'échantillon GBC alors que la température de calcination pour cette perovskite n'est pas la plus élevée. Cela peut s'expliquer par la volatilisation du cation Ba durant l'étape de calcination due à une énergie importante d'insertion de ce cation dans la maille cristalline de GBC. Cette observation confirme la détection de la phase GdCoO$_3$ par diffraction des rayons X.

V.2 Microscopie électronique à balayage

Des analyses microscopiques par balayage ont été réalisées sur les 4 poudres sélectionnées. La Figure 5-6 présente les clichés MEB relatifs aux poudres BSCF, GBC, BSMF et BBF respectivement à un grandissement de 6000, 10000, 3000 et 1000.

Figure 5-6 : Clichés MEB des poudres brutes de BSCF (x6000), GBC (x10000), BMSF (x3000) et BBF (x10000).

Les 4 poudres présentent des morphologies différentes et des tailles de particules assez similaires. Les poudres BSMF et BSCF possèdent des particules d'environ 1 μm. Il est cependant difficile par microscopie à balayage de déterminer la forme de ces particules.

BBF présente distinctement 2 tailles moyennes de particules à environ 2 et 0.5 μm. Les particules de 2 μm sont cristallisées comme l'attestent les arêtes observables alors que les particules de 1μm sont de forme plutôt arrondie.

La poudre GBC présente un agglomérat de particules ayant une taille d'environ 2 μm. On peut observer que ces particules sont de forme parallélépipédique ce qui est en accord avec le système de cristallisation orthorhombique précédemment évoqué au § III.

V.3 Granulométrie laser

La microscopie électronique ne donnant qu'une approximation de la répartition de la taille des particules d'une poudre, il est intéressant de réaliser une analyse par granulométrie laser pour connaître la répartition complète des tailles de particules.

La Figure 5-7 présente ainsi la répartition de taille des particules pour les poudres GBC, BSCF, BSMF et BBF brutes (**a**) et après passage aux ultrasons pendant 40 secondes (**b**).

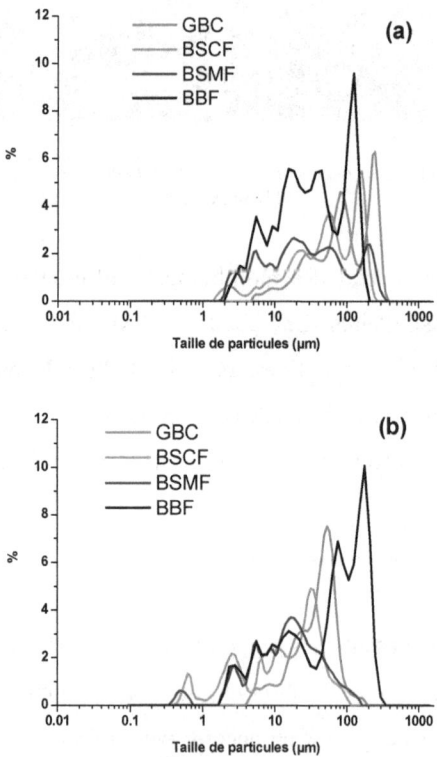

Figure 5-7 : Répartition de la taille de particules pour les perovskites BBF, BSCF, BSMF et GBC pour les poudres brutes (**a**) et après 40 secondes aux ultrasons (**b**).

Pour les poudres brutes, c'est-à-dire après calcination, on peut remarquer deux types de répartition. La première attribuée à BSMF ne présente pas une allure habituelle. Les particules font entre 2 et 300 μm et aucune valeur n'est prédominante. Le second type de répartition observé est relatif aux poudres GBC, BSCF et BBF. Les tracés présentent des distributions de type Gaussienne décentrées. En effet, la valeur majoritaire correspond à la taille maximale observée.

Un passage de 40 secondes aux ultrasons a été réalisé afin de casser les éventuels agglomérats de particules. En effet, pour GBC, BSCF et BSMF, l'écart entre les valeurs minimale et maximale diminue après passage aux ultrasons et la courbe se retrouve ainsi plus centrée sur la taille de particule moyenne. Ainsi pour BSMF, on observe une valeur moyenne d'environ 20 μm.

La répartition de la poudre BBF ne semble pas avoir été modifiée par les ultrasons. La plage de valeurs est quasiment identique mais on note tout de même l'apparition de particules ayant une taille supérieure (entre 200 et 300 μm) à la première analyse. Cela peut s'expliquer par l'agglomération des particules de taille 10-100 μm, beaucoup moins présentes après passage aux ultrasons.

V.4 Analyse ATD/ATG

La stabilité thermique des 4 matériaux choisis a été étudiée par analyse thermogravimétrique. La Figure 5-8 représente la perte de masse (%) en fonction de la température lors d'une montée en température jusqu'à 750°C avec une rampe de 2°C.min^{-1} sous un flux d'air de 50 mL.min^{-1}.

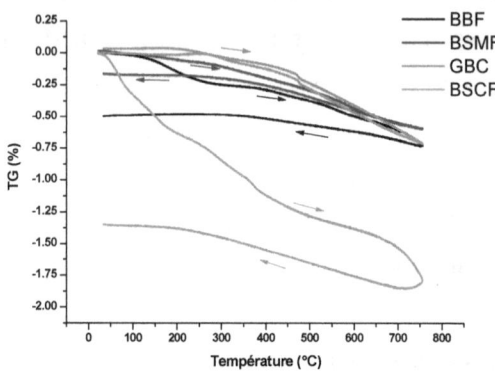

Figure 5-8 : Analyse thermogravimétrique des composés BBF, BSMF, GBC et BSCF sous 50 mL.min^{-1} d'air

La poudre BSCF montre une perte de masse totale d'environ 1.75% à 750°C, ce qui est comparable avec les 1.4% obtenues par *Wei et al.* [7]. Concernant BBF, BSMF et GBC, on note une perte de masse croissante avec la température. Ces 3 échantillons présentent des pertes vraiment très limitées avec un maximum commun de -0.7% pour GBC (en deux étapes à 76°C et 476°C) et BBF (un pic significatif à 179°C). BSMF est l'échantillon qui présente la plus faible perte de masse avec environ -0.6% à 750°C. Compte tenu de ces valeurs, on peut considérer que la quantité des espèces désorbées est très faible et que ces matériaux présentent une bonne stabilité thermique. La perte de masse globale est principalement attribuée à la désorption d'eau pour des températures inférieures à 150°C et au dégagement de molécules d'oxygène provenant de la maille cristalline pour des températures supérieures. Cela est du à l'équilibre qui existe entre l'oxygène du matériau et l'oxygène de l'air.

L'étape de refroidissement permet de mettre en évidence deux comportements distincts. Le premier attribué à GBC démontre une réversibilité complète de la perte de masse avec des masses finale et initiale identiques. L'autre comportement associé à BBF, BSMF et BSCF présente des masses finales inférieures aux masses initiales ; BSCF, BSMF et BBF présentent respectivement une perte globale irréversible de 1.3%, 0.2% et 0.5%.

La Figure 5-9 présente l'analyse couplée ATG/ATD pour la perovskite GBC, unique matériau à présenter des modifications structurales à 76°C et 476°C associées aux pertes de masse décrites précédemment. Ces phénomènes sont endothermiques lors de la montée en température et exothermiques lors de la descente en température.

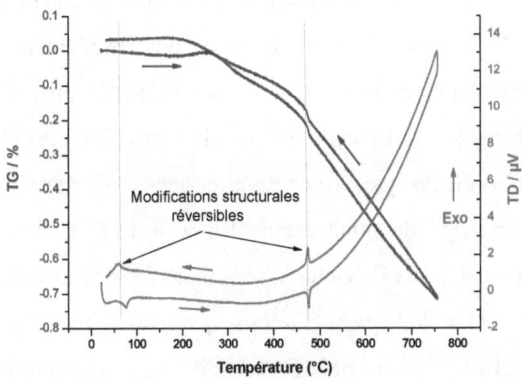

Figure 5-9 : Analyse ATG/ATD de la perovskite GBC sous air

Ces observations ont déjà été reportées dans la littérature [3, 8] et indiquent qu'il n'y a aucune modification du coefficient d'expansion thermique (TEC) malgré la transition de phase d'un système orthorhombique à un système tétragonale. Par ailleurs, la correspondance des deux températures de modifications de structure avec la littérature démontre que la phase principale $GdBaCo_2O_{5+\delta}$ est prédominante dans la poudre synthétisée.

VI. Performances électriques

Généralement, la performance électrique de la cathode est le facteur limitant la puissance d'une pile SOFC. Comme il l'a été dit auparavant, la cause principale de la chute de la force électromotrice est la résistance de polarisation (notée Rp et qui s'exprime en $\Omega.cm^2$) élevée de la cathode causée par une faible activité électrochimique pour la réduction de l'oxygène. La valeur cible satisfaisant les critères de puissance d'un système SOFC en vue d'une industrialisation est de 0.15 $\Omega.cm^2$ d'après *Steele et al* [9].

La spectroscopie d'impédance est une technique adaptée à l'évaluation des performances électriques des matériaux. Le principe de cette technique est détaillé dans le Chapitre 2. Pour les tests, des empilements symétriques cathode / électrolyte / cathode sont réalisés et menés jusqu'à 750°C sous air. La cérine dopée par 10% mol de gadolinium (GDC) est choisie en tant que matériau d'électrolyte. Une pastille dense (diamètre 11 mm) est réalisée par pressage de poudre puis frittée à 1500°C pendant 6h. Des barbotines des matériaux de cathode sont réalisées puis déposées de part et d'autre de la pastille GDC puis frittées respectivement à 1000°C pour BBF et GBC et 1100°C pour BSMF. La Figure 5-10 représente le tracé d'Arrhenius de la résistance de polarisation en $\Omega.cm^2$ rapportée à une électrode pour chaque matériau sous une atmosphère simulant l'air. A titre de comparaison, des tracés relatifs aux matériaux LSM [10] et BSCF [2] sont insérés dans le graphique.

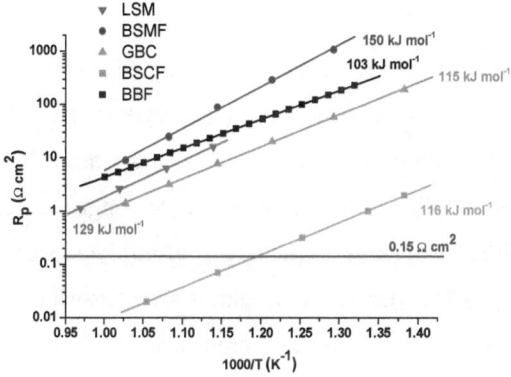

Figure 5-10 : Diagrammes d'Arrhénius des résistances de polarisation pour les matériaux BSMF, GBC, BSCF, BBF et LSM (LSM d'après *Perry Murray et al.* [10]). Mesures effectuées sur cellules symétriques cathode/GDC/cathode sous air. Les valeurs rapportées correspondent aux performances d'une cathode.

On observe que pour tous les échantillons, les tracés sont linéaires ce qui signifie que le mécanisme mis en jeu, ici la réduction de l'oxygène, est thermiquement activé. Cependant, l'énergie d'activation de ce processus présente des valeurs distinctes selon les matériaux. BBF présente l'énergie d'activation la plus faible et BSMF la plus élevée ce qui signifie que BBF est beaucoup plus actif que BSMF. GBC présente une énergie d'activation similaire à BSCF. Cependant les valeurs de résistance de polarisation sont beaucoup plus élevées pour GBC avec 7.5 $\Omega.cm^2$ contre 0.07 $\Omega.cm^2$ pour BSCF à 600°C. Quelque soit la température, GBC présente toutefois des valeurs toujours inférieures à LSM, le matériau de référence. BBF et BSMF présentent des valeurs supérieures à LSM. A titre d'exemple, on a Rp = 80 $\Omega.cm^2$ pour BSMF à 600°C.

A noter que parmi les 5 matériaux, seul BSCF atteint la valeur limite de 0.15 $\Omega.cm^2$, et ce dès 570°C environ.

VII. Tests de réactivité

Parmi les caractéristiques recherchées d'un matériau cathodique, la réactivité chimique avec le matériau d'électrolyte est très importante d'un point de vue pratique et doit être pris en compte dans l'évaluation d'un matériau potentiel. En effet, un maintien de longue durée et à haute température d'un empilement cathode / électrolyte peut amener à la formation de phase(s) parasite(s) le plus souvent isolantes [11]. Afin de remédier à cela, certains groupes proposent l'insertion d'une couche intermédiaire entre la cathode et l'électrolyte pour éviter l'interdiffusion, comme par exemple un dépôt de GDC entre YSZ et BSCF [12]. Cependant, l'accumulation des couches dans l'empilement SOFC provoque une augmentation de la résistance de polarisation globale et ainsi une perte de puissance du système.

Les principales solutions consistent à diminuer les épaisseurs des différentes couches et/ou trouver une paire cathode/électrolyte qui soit chimiquement inerte à haute température.

C'est dans cette optique que des tests de réactivité chimique entre les matériaux de cathode et l'électrolyte GDC ont été menés.

Ainsi BSMF d'une part et BBF d'autre part ont été intimement broyés avec de la poudre GDC dans un rapport 50 :50 en masse puis porté pendant 50h à 800°C, 900°C et 1000°C afin de mettre en évidence une possible réactivité entre les différents matériaux. Les Figures 5-11 et 5-12 représentent les diffractogrammes X des mélanges cathode/électrolyte après 50h à 800°C, 900°C, 1000°C.

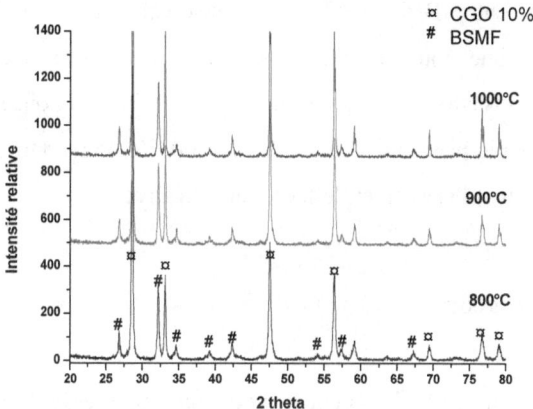

Figure 5-11 : Diffractogrammes X d'un mélange de poudre BSMF : GDC10% dans les
proportions 50 :50 en masse après 50h à 800°C, 900°C et 1000°C.

Les diffractogrammes d'un mélange BSMF / GDC montrent qu'aucune
phase additionnelle n'est détectée quelle que soit la température. Les 3
tracés sont identiques et attestent de la bonne compatibilité chimique des
deux matériaux après un long traitement thermique à haute température.

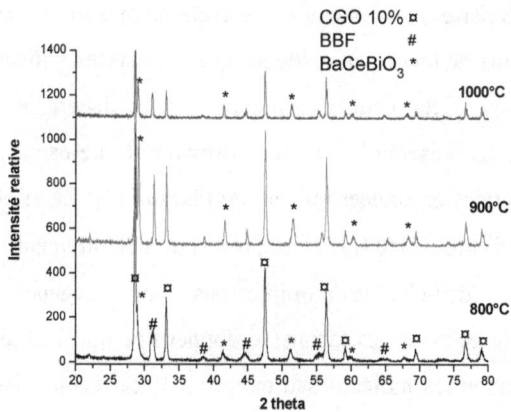

Figure 5-12 : Diffractogrammes X d'un mélange de poudre BBF : GDC10% dans les
proportions 50 :50 en masse après 50h à 800°C, 900°C et 1000°C sous air.

La réactivité entre BBF et GDC est observable dès 800°C. On note l'apparition d'une nouvelle phase indexée comme étant BaCeBiO$_3$. Les pics relatifs à cette phase sont de plus en plus prononcés à 900°C, notamment le pic principal à $2\theta = 29°$. A 1000°C, le rapport des hauteurs de pic ne semble plus évoluer de façon significative.

VIII. Discussion

Un matériau de cathode adéquat pour une pile SOFC en condition monochambre doit satisfaire de nombreux critères parmi lesquels une haute stabilité thermique dans la gamme de température intermédiaire, une faible réactivité envers la conversion des hydrocarbures, une conductivité électrique élevée et une réactivité minimal avec le matériau d'électrolyte dans les conditions de fonctionnement.

Deux comportements distincts ont été démontrés lors des analyses ATG-ATD menées sur les 4 matériaux sélectionnés. BSMF, BSCF et BBF présentent des pertes de masse après le cycle de mesure. L'analyse relative à GBC a permis de mettre en évidence que les masses initiale et après test sont identiques. Cela peut s'expliquer par la différence de structure cristalline : GBC présente la structure Brownmillerite caractérisée par des chaînes de lacunes ordonnées au sein du réseau [13]. En effet, au sein des structures de formule ABO$_{3-\delta}$ les lacunes sont aléatoirement distribuées ce qui rend plus difficile la mobilité des ions oxygène. La structure Brownmillerite possède des lacunes ordonnées ce qui facilite l'évacuation et la récupération de molécules d'oxygène. Cette caractéristique est très intéressante si l'on s'intéresse au fonctionnement des piles SOFC. En effet, dans les conditions de fonctionnement, l'empilement est soumis à de fréquents cycles thermiques lors des étapes de démarrage et d'arrêt du système. L'accumulation des pertes de masse successives lors des étapes de montée et descente en température peut induire des contraintes mécaniques dans le matériau lors de réarrangements structuraux ce qui pourrait être préjudiciable pour la cathode. Le matériau GBC est ainsi très intéressant.

Les tests catalytiques ont démontré que la perovskite LSM n'est pas adaptée en tant que cathode pour une pile SOFC en condition monochambre et alimentée par un mélange contenant un hydrocarbure. Ce matériau est notamment utilisé pour réaliser la réaction de combustion du méthane [14, 15] où le cation Mn et la surface spécifique sont les deux facteurs prépondérant du processus catalytique. A notre connaissance, très peu d'études catalytiques portant sur les poudres GBC, BSMF, BSCF et BBF sont reportées. *Shao et al.* ont démontré une faible activité de BSCF pour la conversion du propane sous des conditions stoechiométriques avec une concentration en oxygène de 20% et à 600°C [2]. Ces observations sont en accord avec nos résultats où BSCF est peu actif à 600°C en comparaison avec les perovskites à base de lanthane [1]. Il est cependant difficile de comparer la littérature avec les résultats ici obtenus compte tenu des différences de ratio HC/O_2. Par ailleurs, de précédentes études menées sur des perovskites à base de baryum ont démontré l'influence d'un dopant en site B [16] où la conversion en méthane est améliorée avec l'addition de Mn en comparaison à l'addition de Co ce qui confirme les observations ici réalisées. Ce comportement est attribué à la quantité d'oxygène disponible plus importante dans les perovskites dopées au Mn. L'inactivité de GBC sur toute la gamme de température est particulièrement intéressante. Les surfaces spécifiques (Tableau 5-1) peuvent également expliquer la faible activité des échantillons synthétisés. En effet, les 4 échantillons sélectionnés possèdent une surface spécifique beaucoup plus faible que LSM. Les performances catalytiques sont en accord avec les prévisions thermodynamiques où le propane, molécule moins stable que le méthane, est plus facilement converti. L'addition d'eau et de dioxyde de carbone au mélange initial méthane/oxygène fait chuter les valeurs de conversion probablement par adsorption compétitive de ces deux réactifs avec le méthane sur la surface du matériau [17] et/ou par recouvrement du catalyseur par des espèces carbonates par réaction entre le CO_2 et les cations Ba [18] bloquant ainsi les sites actifs. D'un point de vue purement catalytique, BSCF, GBC et BBF sont des matériaux adéquats pour une utilisation en tant que cathode pour SC-SOFC sous une atmosphère contenant du méthane, de l'oxygène, de l'eau et du dioxyde de carbone et jusqu'à 600°C. Dans les conditions de tests utilisées, la température maximale d'utilisation de BSMF se situerait aux alentours de 550°C.

La chute de la FEM dans un empilement SOFC est principalement attribuée à la résistance de polarisation élevée de la cathode où la réduction de l'oxygène est l'étape limitante du processus chimique global. Il est donc primordial d'étudier l'évolution de cette résistance de polarisation en fonction de la température. Les tests ont clairement mis en évidence des différences selon les matériaux. Les valeurs élevées attribuées à BSMF en comparaison à GBC, BSCF et BBF s'expliquent par une faible conductivité ionique au sein de la maille contrairement à GBC et BSCF connus pour sa facilité à réduire l'oxygène [4, 7]. Cet écart, notamment observable à basse température, peut être lié à la réductibilité du cation en site B de la structure perovskite. En effet, le cation Co à l'état +4 est reconnu comme étant instable et facilement réduit à l'état +3 améliorant ainsi la conductivité ionique par conservation de l'électroneutralité. L'effet opposé est observé pour le cation Mn, difficilement réduit sous air [19].

La formation de phase(s) parasite(s) par réaction entre l'électrolyte et la cathode est un des inconvénients inhérents à la température de fonctionnement élevée des piles SOFC. Compte tenu des nombreux matériaux étudiés en tant qu'élément de cathode ou bien en tant qu'électrolyte, des études font déjà état de la réactivité à haute température de GBC et BSCF avec la cérine gadolinée (GDC). La faible réactivité de GBC avec GDC est intéressante pour des températures inférieures à 1000°C. A plus haute température, la décomposition de la structure perovskite par incorporation de gadolinium provenant de GBC au sein de la maille fluorite GDC [4] a été observée. Concernant BSCF, *Duan et al* [12] ont démontré une bonne compatibilité chimique avec GDC. Cependant, il est bien connu qu'entre 900°C et 1000°C, températures atteintes lors de l'élaboration des cellules, la cérine et ses dopants éventuels sont enclin, par la similitude de leur structure cristalline cubique, à migrer au sein de la maille de BSCF dans les sites A ou B selon leurs rayons ioniques [20]. BSMF qui peut ici être comparé à BSCF par la substitution du cation Co par le cation Mn en site, présente une stabilité chimique particulièrement intéressante pour la réactivité avec GDC puisque aucune phase additionnelle n'est détectée même après 50 heures à 1000°C sous air. L'explication la plus plausible est la différence de structure cristalline entre ces deux matériaux. En effet, contrairement à BSCF, BSMF présente une structure hexagonale empêchant probablement l'interdiffusion de cation. De plus, la différence de rayon ionique entre les cations des sites A ($Ba^{2+}=$ 1.35Å et $Sr^{2+}=$ 1.58 Å), des sites B ($Mn^{3+/4+}=$ 0.72 / 0.67Å et $Fe^{2+/3+/4+}=$ 0.92 / 0.78 / 0.72 Å) et la cérine dopée au gadolinium ($Gd^{3+}=$0.94Å, $Ce^{4+}=$0.87Å) semble trop importante pour garder une structure cristalline après diffusion. Seul le cation Ce à l'état 3+ ($Ce^{3+}=$1.02Å) permettrait la formation d'une nouvelle phase après diffusion ce qui n'est visiblement pas le cas même après 50h à 1000°C sous air.

De façon similaire à BSCF, la réactivité très prononcée entre BBF et GDC dès 800°C peut être reliée à la structure cristalline cubique de ces deux matériaux qui facilite la diffusion de cations entre les deux matériaux. De plus, la similarité des rayons ioniques des cations Bi (Bi^{3+} = 1.2Å), Ba (Ba^{2+} = 1.35Å) et Ce à l'état 3+ doit favoriser cette interdiffusion et/ou la formation de nouvelle(s) phase(s).

IX. Conclusion

Quatre perovskites ont été étudiées en tant qu'élément de cathode pour pile à combustible SOFC en configuration monochambre dans la gamme de température intermédiaire. Les différentes caractérisations mises en œuvre ont notamment montré une haute stabilité thermique des matériaux alors que les tests catalytiques menés dans des conditions réalistes ont démontré que le matériau de cathode conventionnel LSM n'est pas adapté à la configuration monochambre due a une activité trop importante pour la conversion des hydrocarbures. BSCF, BSMF, GBC et BBF présentent des caractéristiques catalytiques intéressantes avec peu ou pas de conversion des hydrocarbures notamment en présence d'eau et de dioxyde de carbone. Contrairement à BSCF, GBC et BBF, l'étude de réactivité des poudres a montré une excellente compatibilité chimique entre BSMF et GDC, le matériau d'électrolyte le plus prometteur à 600°C. Cependant, les mesures électriques ont montré que BSMF présentait des résistances de polarisation particulièrement élevées. Tous ces résultats mettent clairement en évidence qu'un compromis entre toutes les caractéristiques doit être trouvé afin d'obtenir un empilement atteignant les meilleurs rendements.

Parmi les 4 matériaux ici synthétisés et caractérisés, il semble que deux d'entre eux soient intéressants pour une application en tant que matériau de cathode en condition monochambre :

Tout d'abord BSCF, qui présente des résistances de polarisation très faibles pour des basses températures et une activité catalytique particulièrement faible. Une possible réactivité avec GDC lors de l'élaboration de la cellule

ne semble pas être préjudiciable comme il a été montré dans les tests du §
VI.

BSMF, totalement stable chimiquement avec GDC, pourrait également être
un matériau intéressant pour un fonctionnement de longue durée.
Malheureusement, ce dernier possède des résistances de polarisation encore
trop importantes et une activité catalytique non négligeable à haute
température.

Une étude plus approfondie de ces matériaux (insertion d'autres dopants,
taux de dopants, voie de synthèse) permettrait sans doute une optimisation
des caractéristiques recherchées.

Par ailleurs, une caractérisation des performances électriques sous mélange
réactionnel serait plus réaliste que sous air. Finalement, l'impact du
mélange réactionnel pourrait être mis en évidence par une étude
cristallographique des matériaux après tests.

X. Références bibliographiques

[1]   T. Suzuki, P. Jasinski, H.U. Anderson and F. Dogan, Journal of The Electrochemical Society, 151 (2004) A1678.

[2]   Z. Shao and S.M. Haile, Nature, 431 (2004) 170.

[3]   A. Tarancón, D. Marrero-López, J. Peña-Martínez, J.C. Ruiz-Morales and P. Núñez, Solid State Ionics, 179 (2008) 611.

[4]   A. Tarancón, J. Peña-Martínez, D. Marrero-López, A. Morata, J.C. Ruiz-Morales and P. Núñez, Solid State Ionics, 179 (2008) 2372.

[5]   S. Haag, A.C. van Veen and C. Mirodatos, Catalysis Today, 127 (2007) 157.

[6]   Z. Shao, W. Yang, Y. Cong, H. Dong, J. Tong and G. Xiong, Journal of Membrane Science, 172 (2000) 177.

[7]   B. Wei, Z. Lu, S.Y. Li, Y.Q. Liu, K.Y. Liu and W.H. Su, Electrochem. Solid State Lett., 8 (2005) A428.

[8]   C. Frontera, J.L. García-Muñoz, A. Llobet, L. Mañosa and M.A.G. Aranda, Journal of Solid State Chemistry, 171 (2003) 349.

[9]   B.C.H. Steele and A. Heinzel, Nature, 414 (2001) 345.

[10]   E. Perry Murray and S.A. Barnett, Solid State Ionics, 143 (2001) 265.

[11]   N. Sakai, H. Kishimoto, K. Yamaji, T. Horita, M.E. Brito and H. Yokokawa, Journal of The Electrochemical Society, 154 (2007) B1331.

[12]   Z. Duan, M. Yang, A. Yan, Z. Hou, Y. Dong, Y. Chong, M. Cheng and W. Yang, Journal of Power Sources, 160 (2006) 57.

[13]   G.B. Zhang and D.M. Smyth, Solid State Ionics, 82 (1995) 161.

[14]   L. Marchetti and L. Forni, Applied Catalysis B: Environmental, 15 (1998) 179.

[15]   S. Ponce, M.A. Peña and J.L.G. Fierro, Applied Catalysis B: Environmental, 24 (2000) 193.

[16]   N. Gunasekaran, S. Rajadurai, J.J. Carberry, N. Bakshi and C.B. Alcock, Solid State Ionics, 73 (1994) 289.

[17]   C.-H. Wang, C.-L. Chen and H.-S. Weng, Chemosphere, 57 (2004) 1131.

[18]   E. Bucher, A. Egger, G.B. Caraman and W. Sitte, Journal of The Electrochemical Society, 155 (2008) B1218.

[19]   Y. Wu, T. Yu, B.-s. Dou, C.-x. Wang, X.-f. Xie, Z.-l. Yu, S.-r. Fan, Z.-r. Fan and L.-c. Wang, Journal of Catalysis, 120 (1989) 88.

[20]   K. Wang, R. Ran, W. Zhou, H. Gu, Z. Shao and J. Ahn, Journal of Power Sources, 179 (2008) 60.

L'objectif initial de ce travail était l'étude de nouveaux matériaux d'électrodes pour pile à combustible SOFC monochambre alimentée par un mélange riche en méthane.

Le Chapitre 1 a présenté une large revue bibliographique du système SOFC conventionnel et ses différentes caractéristiques. Un détail des différents verrous technologiques subsistants à une possible industrialisation a orienté l'étude vers le concept monochambre. La présentation de cette configuration a mis en évidence les principales modifications, l'état de l'art associé, et a démontrée qu'une recherche approfondie axée sur les matériaux d'anode et de cathode devait être menée afin de satisfaire aux caractéristiques requises d'une possible industrialisation.

Le Chapitre 3 a détaillé la synthèse et la caractérisation des catalyseurs anodiques. Une bibliothèque de 15 catalyseurs a été établie d'après l'étude bibliographique. Une caractérisation approfondie a démontré que les catalyseurs supportés présentaient des caractéristiques intéressantes pour l'application visée : dispersion métallique élevée, haute surface spécifique, mobilité d'oxygène... Les différents tests catalytiques menés sur les 15 catalyseurs de la bibliothèque ont démontré tout d'abord que les catalyseurs imprégnés de cuivre n'étaient pas sélectifs pour la production d'hydrogène contrairement aux matériaux imprégnés de platine et de nickel. La seconde partie a mis en évidence que de l'eau dans le mélange réactionnel pouvait être néfaste pour la production d'hydrogène sur les catalyseurs à base de nickel. Les catalyseurs à base de platine se sont montrés plus robustes même en présence de dioxyde de carbone. Finalement, ces tests ont montré que le mélange réactionnel et en particulier l'eau pouvait affecter la morphologie des catalyseurs par frittage et donc diminuer la surface spécifique.

Le Chapitre 4 a présenté l'étude électrocatalytique d'un cermet Ni-GDC et l'influence de la présence d'un catalyseur. Pour cela, une caractérisation systématique par le couplage de la spectroscopie d'impédance complexe avec la chromatographie en phase gazeuse a été réalisée en conditions réalistes. Une architecture anodique incorporant une quantité variable de catalyseur dans la porosité du cermet a été élaborée avec succès. Les tests ont mis en évidence un effet bénéfique du catalyseur sur les résistances de polarisation quelque soit l'atmosphère. L'ajout d'eau dans le mélange réactionnel en présence d'un catalyseur à base de platine a permis de mettre en évidence la production d'hydrogène par la réaction du Water Gas Shift et donc une diminution des résistances de polarisation anodiques.

Une étude complète de matériaux de cathode de référence et innovants a été détaillée dans le Chapitre 5. Les tests catalytiques ont montré que le matériau de cathode standard LSM n'était pas adapté avec une conversion très importante des hydrocarbures. La recherche de nouveaux matériaux nous a amené à étudier principalement 4 matériaux perovskites. Les différentes caractérisations ont démontré qu'il serait difficile de trouver un matériau remplissant tous les critères cathodiques (stabilité thermique, absence de réactivité chimique avec le matériau d'électrolyte, conductivité électrique etc) et qu'un compromis serait sûrement nécessaire.

Cette étude a donc permis de répondre à certaines questions posées en introduction de ce mémoire :

Nous avons démontré que le développement de matériaux d'électrodes adaptés pourrait faire du système de pile à combustible SOFC en configuration monochambre une alternative très intéressante pour la production d'électricité. L'étude systématique de la présence d'eau et de dioxyde de carbone sur les performances catalytiques a prouvé qu'un mélange gazeux de type biogaz pourrait alimenter une PAC. Par ailleurs, un choix judicieux des matériaux et notamment du catalyseur est primordial. En effet, un catalyseur à base de platine serait plus robuste et permettrait de minimiser le rejet de dioxyde de carbone.

Bien évidemment, il est toujours possible d'envisager une optimisation des catalyseurs anodiques. En plus d'une analyse combinatoire qui a permis de faire une sélection assez poussée, il serait possible de faire varier les caractéristiques des meilleurs catalyseurs. Ainsi pour un catalyseur imprégné de platine et ayant un support à forte mobilité d'oxygène, il serait judicieux d'optimiser la quantité de métal noble (et donc coûteux) et la proportion de dopant (Zr ou Pr) dans la maille de cérine.

Concernant les matériaux cathodiques, là encore une optimisation de la proportion des dopants pourrait être envisagée afin d'obtenir les meilleurs caractéristiques possibles.

Par ailleurs, certaines interrogations demeurent :

Comment les matériaux réagiront-ils en présence d'hydrogène de sulfure (H_2S), potentiellement présent dans le gaz naturel et le biogaz ?

Les compositions du gaz naturel et du biogaz (teneurs en CH_4, CO_2 et H_2O) sont dépendantes de la zone géographique où ils sont extraits : est-ce que les catalyseurs et matériaux de cathode étudiés présenteront les mêmes performances quelque soit la composition ?

Bien que la stabilité des catalyseurs étudiés ait été démontrée pour une durée de 24 heures, la caractérisation post-test a révélé des modifications morphologiques. On peut donc logiquement se demander si l'architecture anodique proposée choisie réduira ses changements et si le catalyseur choisi sera performant sur une plus longue durée (centaines d'heures) comme l'exige un tel système.

En guise de perspective à ce travail, il faudrait élaborer une cellule complète anode/électrolyte/cathode et tester les performances (détermination de E=f(i) et des densités de puissance) sous les atmosphères étudiées.

Compte tenu des résultats obtenus, nous pouvons imaginer une cellule élaborée avec les matériaux les plus prometteurs, c'est-à-dire la cellule anode/électrolyte/cathode suivante :

Ni-GDC + Pt-Ce-H (ou Pt-CeZr-H ou Pt-CePr-H) / GDC / BSCF-GDC

Ces tests permettront de valider définitivement les matériaux étudiés et leur utilisation en présence de méthane.

Dans cette optique, le groupe Ingénierie et Intensification des Procédés de l'IRCELyon s'est doté dernièrement d'un banc de test qui permettra de réaliser des tests sur des piles complètes et sous atmosphère et température contrôlée.

Liste des Abréviations

AES	Atomic Emission Spectroscopy
CVD	Chemical Vapour Deposition
DRX	Diffraction des Rayons X
EIS	Electrochemical Impedance Spectroscopy
FID	Flame Ionisation Detector
GDC	Gadolinium Doped Ceria / Cérine gadolinée
HEL	Higher Explosive Limit
HPLC	High Performance Liquid Chromatography
HSA	High Specific surface Area
ICP	Inductively Coupled Plasma
IT	Intermediate Temperature
LEL	Lower Explosive Limit
LSA	Low Specific surface Area
MEB	Microscopie Electronique à Balayage
MET	Microscopie Electronique à Transmission
PAC	Pile à Combustible
PEMFC	Polymer Electrolyte Membrane Fuel Cell
SC	Single-Chamber
SDC	Samarium Doped Ceria / Cérine samariée
SOFC	Solid Oxide Fuel Cell
TCD	Thermal conductivity Detector
TPB	Triple Phase Boundary
TPR	Temperature Programmed Reduction
WGS	Water Gas Shift
YSZ	Yttria Stabilized Zirconia / Zircone Yttriée

RESUME

La pile à combustible Solid Oxide Fuel Cell (PAC-SOFC) est un système de production d'énergie « propre » qui permet de convertir de l'hydrogène en énergie électrique en ne rejetant que de l'eau. Une nouvelle configuration appelée « monochambre » semble être particulièrement attrayante compte tenu de ces nombreux avantages sur la configuration bi-chambre classique : simplification de fabrication, baisse de la température de fonctionnement, utilisation d'hydrocarbures comme combustible... La mise en place d'un tel système implique le développement de nouveaux matériaux d'électrodes satisfaisants à de nouveaux critères. L'évaluation en condition réaliste de 7 matériaux de cathode potentiels par diverses caractérisations structurale, texturale et catalytique à mis en évidence la difficulté de développer un matériau possédant toutes les caractéristiques requises. Ainsi, un matériau présentant le meilleur compromis est proposé. Une bibliothèque de 15 catalyseurs supportés (3 métaux et 5 supports différents) a ensuite été développée. Ces catalyseurs, ayant pour but d'être intégrés dans l'anode de la pile pour réaliser le reformage d'hydrocarbures, ont été évalués selon une approche combinatoire en condition réaliste (présence d'hydrocarbure, d'eau, de dioxyde de carbone), ce qui a permis de sélectionner les catalyseurs imprégnés de platine, plus robuste notamment en présence d'eau. Finalement, le couplage de la spectroscopie d'impédance avec la chromatographie en phase gaz a permis d'évaluer le comportement électrochimique d'une nouvelle architecture anodique comportant un catalyseur issu de la bibliothèque. Les tests ont montré que l'ajout d'un catalyseur est bénéfique pour la diminution des résistances de polarisation anodiques par production localisée d'hydrogène à partir d'hydrocarbure.

MOTS-CLES : Pile à combustible SOFC ; Concept monochambre ; Méthane ; Electrodes ; Résistance de polarisation.

ABSTRACT

Solid Oxide Fuel Cell is a device for "clean" electricity production from chemical energy. The new configuration called "single-chamber" seems to be very attractive with several advantages over bi-chamber conventional configuration: easier manufacturing, lowering of working temperature, possible use of hydrocarbons as fuel... Such configuration involves the development of new electrode materials satisfying new requirements. The evaluation of 7 potential cathode materials through several characterizations has shown that a compromise has to be found since one material does not exhibit all the requested features. A library of 15 supported catalysts (3 metals and 5 supports) was developed. These catalysts, aimed at be located inside the anodic cermet, were evaluated through a combinatorial approach in realistic condition (presence of hydrocarbon, water, carbon dioxide). Platinum-based catalysts are found the most robust, especially in presence of water. Finally, innovative coupling of electrochemical impedance spectroscopy with gas chromatography measurements was carried out to characterise a new anodic architecture with an enclosed Pt-based catalyst previously evaluated. Tests revealed the beneficial effect of the catalyst insertion over anodic polarisation resistance by hydrogen production from hydrocarbon.

KEYWORDS: Solid Oxide Fuel Cell SOFC; Single-Chamber concept; Methane; Electrodes; polarisation resistance

Zeitfracht Medien GmbH
Ferdinand-Jühlke-Straße 7
99095 Erfurt, Deutschland
produktsicherheit@kolibri360.de

Druck:
CPI Druckdienstleistungen GmbH
im Auftrag der
Zeitfracht Medien GmbH
Ein Unternehmen der Zeitfracht - Gruppe
Ferdinand-Jühlke-Str. 7
99095 Erfurt